微缩花园

迷你黏土花制作教程

手超巧的阿闷 编著

爱林博悦 主编

人民邮电出版社

北京

图书在版编目（CIP）数据

迷你黏土花制作教程 : 微缩花园 / 手超巧的阿闷编著 ; 爱林博悦主编. -- 北京 : 人民邮电出版社, 2021.8
ISBN 978-7-115-56495-5

Ⅰ. ①迷… Ⅱ. ①手… ②爱… Ⅲ. ①粘土－手工艺品－制作－教材 Ⅳ. ①TS973.5

中国版本图书馆CIP数据核字(2021)第079903号

内 容 提 要

小巧的东西总是自带“萌值”，常常能触动我们的心灵。本书作者阿闷是一位热爱迷你黏土花的“小姐姐”，在她指尖诞生的迷你黏土花小巧、精致，十分讨人喜欢。

本书重点讲解迷你黏土花的制作方法，还附有花盆、花篮的制作教程，并展示了用迷你黏土花搭建的场景。

本书开篇先展示了用迷你黏土花搭建的各种场景，然后分七章展开介绍迷你黏土花的制作方法。第一章介绍黏土及相关工具、材料的使用方法；第二章介绍基础手法、迷你黏土花基础部件的制作技法、黏土颜色的调制方法，为后面的学习打下基础；第三章正式开始带领读者制作迷你黏土花，这一章以小巧简单的花植为教学案例，初学者也可以快速上手；第四章选择了常见的“高颜值”花卉作为案例，进一步提升了制作的难度；第五章和第六章中的花植案例偏中式风格，仙气满满、非常唯美；第七章属于附加内容，教你如何做迷你花盆、花篮，如何插花以及如何收纳保存自己的作品等。

本书讲解细致、图片精美，适合黏土手工爱好者阅读、参考。

◆ 编　　著　手超巧的阿闷
主　　编　爱林博悦
责任编辑　宋　倩
责任印制　周昇亮

◆ 人民邮电出版社出版发行　　北京市丰台区成寿寺路 11 号
邮编　100164　　电子邮件　315@ptpress.com.cn
网址　https://www.ptpress.com.cn
涿州市般润文化传播有限公司印刷

◆ 开本：700×1000　1/16
印张：9　　2021 年 8 月第 1 版
字数：230 千字　　2025 年 1 月河北第 13 次印刷

定价：49.80 元

读者服务热线：(010)81055296　印装质量热线：(010)81055316
反盗版热线：(010)81055315
广告经营许可证：京东市监广登字 20170147 号

前言 Preface

很高兴这本书能够与你见面，喜欢这本书的你应该是一个对生活和自然充满热爱的人。

为什么要做植物系的手作呢？因为我觉得，就算物转星移，但有些东西是亘古不变的，如自然四季、春华秋实。与花、草等自然之物为伴会感到内心满足，获得一种能量、一种不随波逐流的安定感。于我而言，做手作就好像是修行，在方寸之地做着自己喜欢的事情，守得一份初心。

如果说有什么宝贵的手作经验要传授给大家，那就是：保持观察和思考，胆大心细。手作其实是观察后的表达和再创作，想要做好一朵花，就要仔细观察它的形态，然后大胆去做，相信自己可以做得很好，与此同时，保持细心、不急不躁。

这本书是我和编辑、摄影师，还有出版社众多同仁一起，经过一年多的准备和努力才得以呈现在大家面前。它可能不是最完美的，但确是我们的诚意之作，衷心希望能让你有所收获。

配套资源

ART 绘客
提升艺术修养
传播美的力量

扫码关注“绘客”微信公众号
在后台回复“56495”
获取本书配套教学视频的观看链接

用迷你黏土花组建

微缩花园

少女心

小庭院

阳光花园

目录

第一章 制作迷你黏土花的工具与材料

第二章 制作迷你黏土花的小技巧

Contents

第一章

制作迷你黏土花的工具与材料

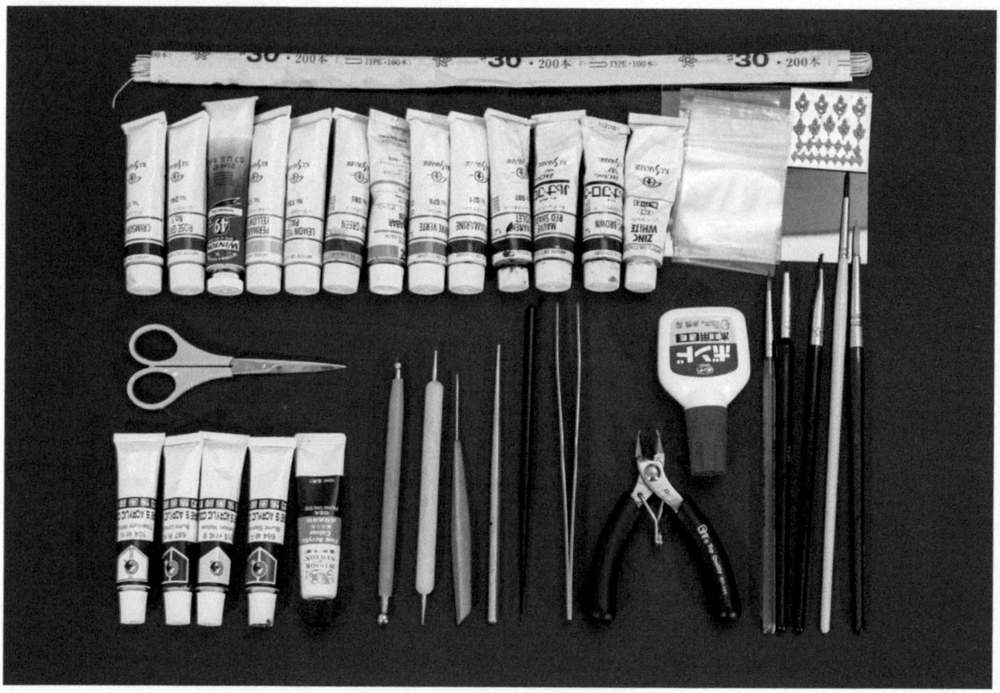

关于黏土

所需黏土

制作迷你黏土花需要用到树脂黏土，读者可根据自己的喜好购入。本书用的是DESIGNER CLAY树脂黏土和Grace树脂黏土，这是作者在众多树脂黏土中选出来的两种好用的黏土。

黏土的使用

作者试用后，觉得DESIGNER CLAY树脂黏土有点偏干，Grace树脂黏土有点偏湿，所以在制作前将DESIGNER CLAY树脂黏土与Grace树脂黏土按照3：1的比例混合，以让黏土的湿度和柔软度合适。一般在使用树脂黏土前，需加入少量透白油彩颜料混色，这样黏土会透白、明亮，颜色变得更好看。当然，如果读者用的树脂黏土不需要调湿度和柔软度，就不需要将黏土混合。

①

按照3：1的比例取出DESIGNER CLAY和Grace树脂黏土。

②

将黏土混合，调出湿度和柔软度合适的黏土。

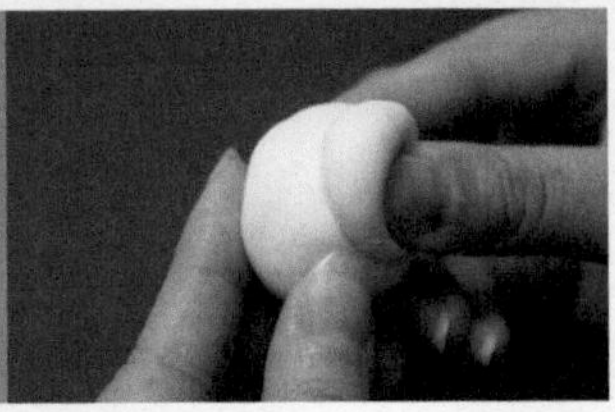

③

树脂黏土在使用前需要加入透白油彩颜料，让黏土变得更透亮。

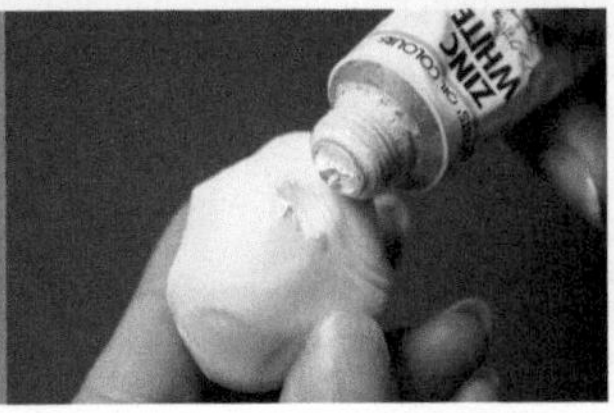

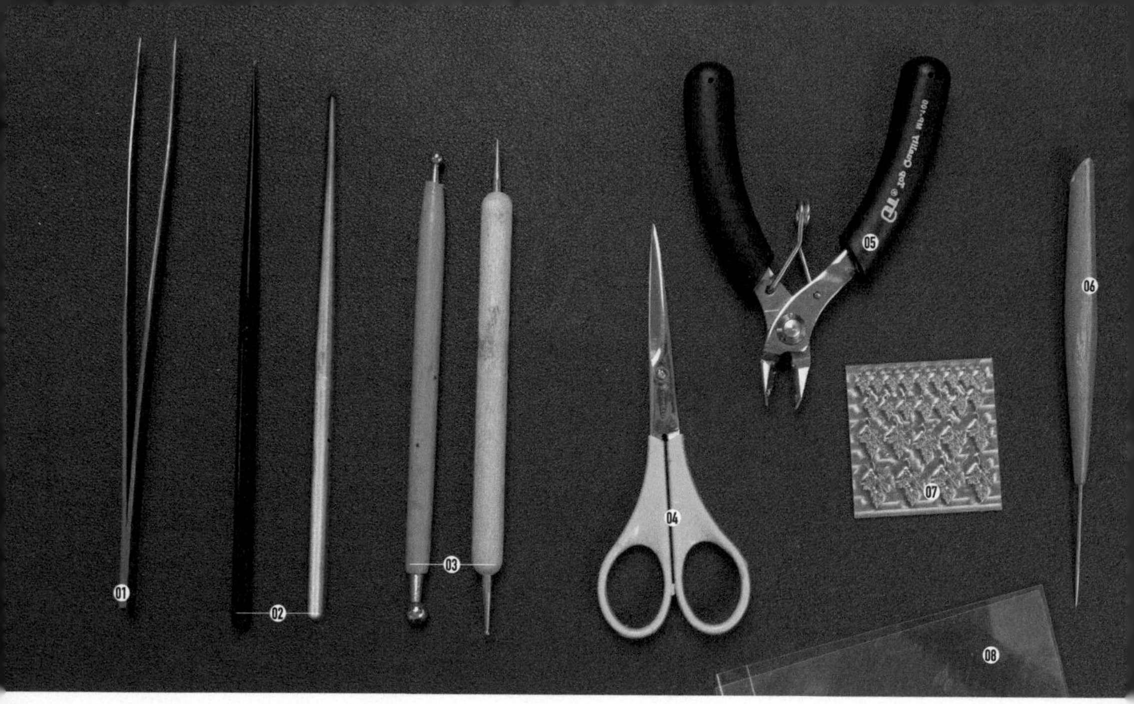

01 镊子　02 开花棒　03 丸棒　04 剪刀　05 剪钳　06 细节针　07 叶片模具　08 亚克力板

基础工具及其使用方法

镊子

选镊子时注意看尖头，需选择尖头平滑且无尖锐倒角的镊子。在制作迷你黏土花时，需要用镊子夹住超小的黏土去造型或者粘贴。

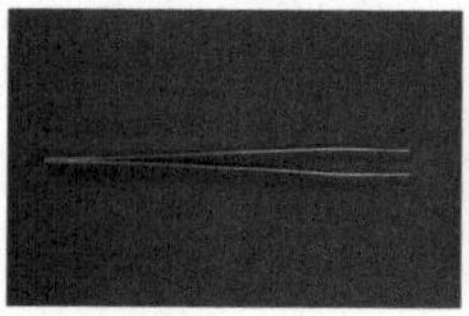

开花棒

开花棒是一头细一头粗的棒形工具。在迷你黏土花的制作中，用开花棒的细头擀黏土，用粗头调整黏土形状。本书用到了两种型号的开花棒：黑色的开花棒细头细长，适合擀小巧的叶片；黄色的开花棒细头圆润，适合擀大一些的圆形叶片。

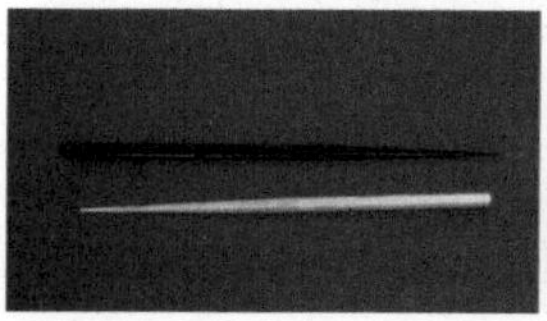

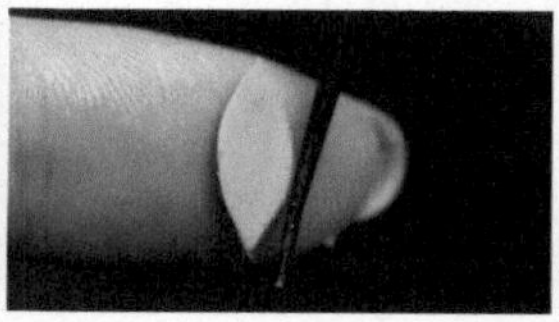

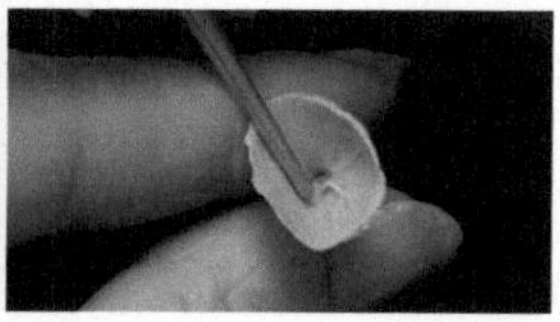

丸棒

丸棒的两端是金属球，用它可以压出花瓣、花萼的凹形。根据手中花瓣、花萼的大小来挑选丸棒型号。

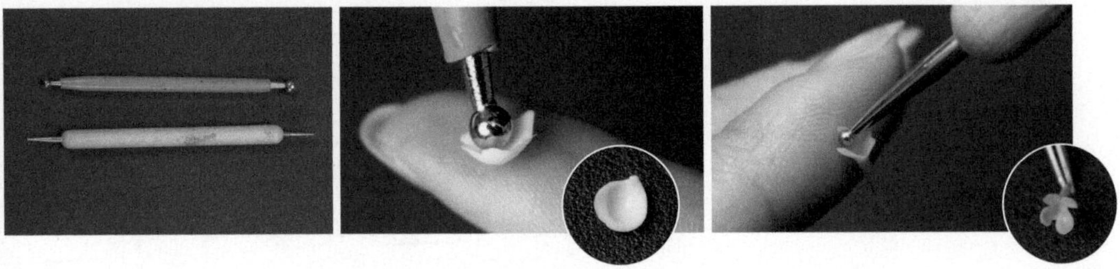

剪刀

准备小剪刀就可以了，小剪刀使用方便，也好收纳。剪刀在迷你黏土花的制作中，主要用于修剪黏土。

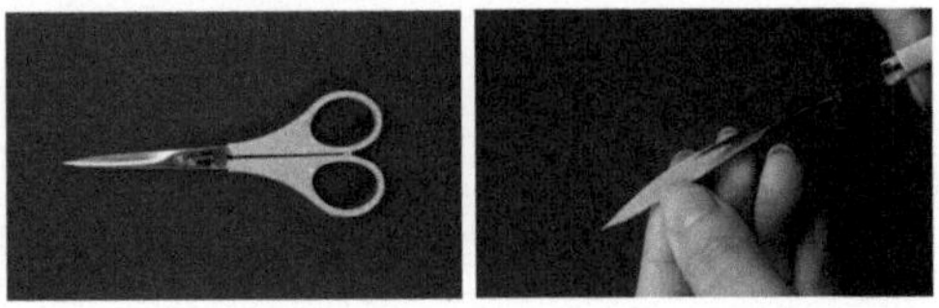

剪钳

剪钳比较锋利，适合剪断比较硬的金属丝。在迷你黏土花的制作中，剪钳一般用于剪纸包铁丝。

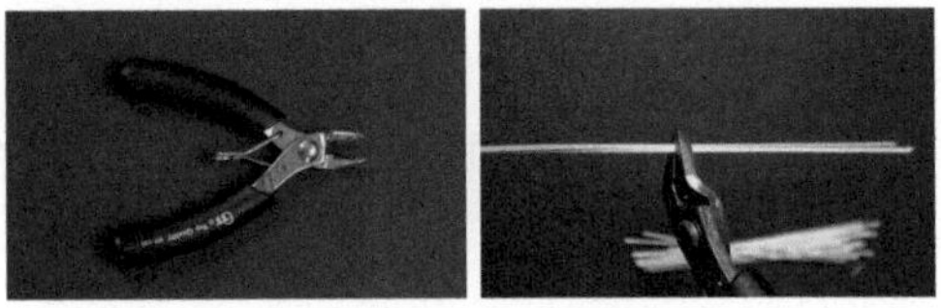

细节针

我使用的这款细节针一端是细长的金属针，另一端是木棒，常用细长的针划出花瓣、叶片上的纹路。

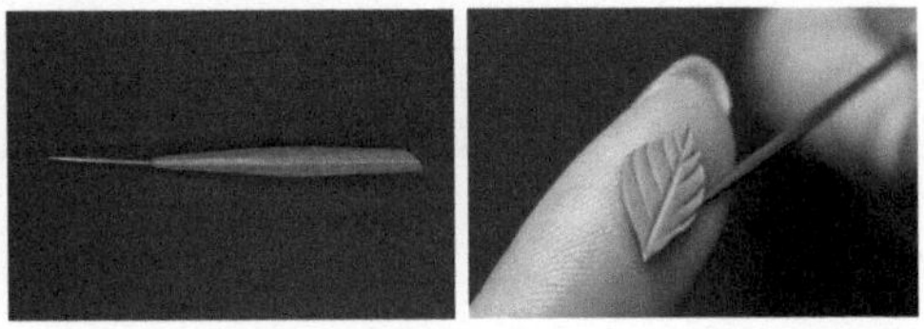

叶片模具

一些造型华丽的叶片，可以用模具直接压制出来。模具使用方便，压出来的叶片精致。

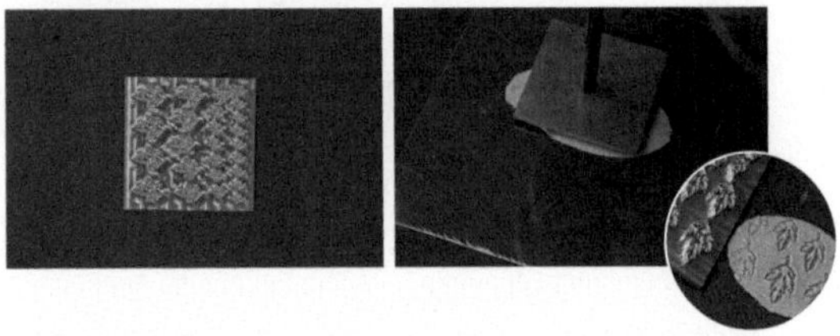

亚克力板

需要擀或者压黏土薄片时，将黏土放置在两块亚克力板中间，这样能使薄片光滑、均匀，且薄片在亚克力板上不会粘连，方便拿取。

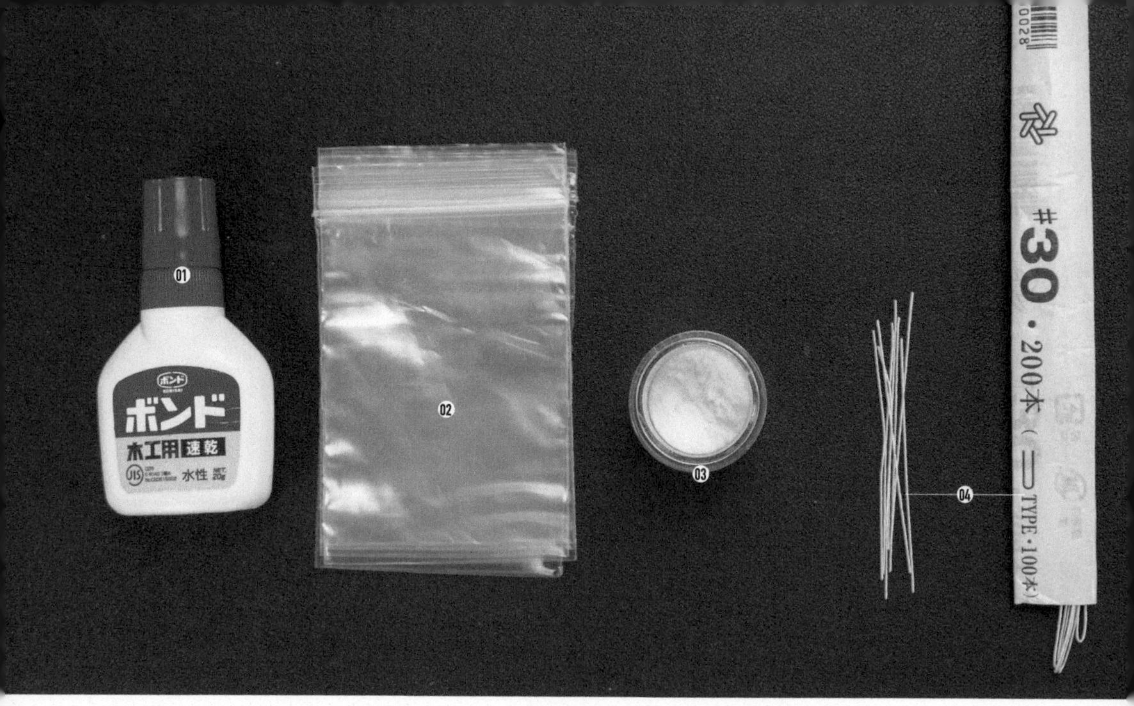

01 白乳胶　02 塑封袋　03 毛绒粉　04 纸包铁丝

基础材料及其使用方法

白乳胶

白乳胶是一种干后不会留下痕迹的胶水，在迷你黏土花的制作中，用于花瓣、叶片、枝干的粘贴。

塑封袋

塑封袋在迷你黏土花的制作中用于收纳黏土，将黏土放置其中，可使其保持湿润。

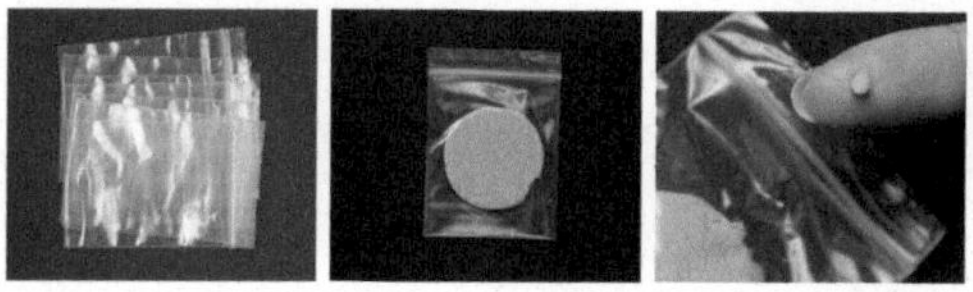

毛绒粉

某些花卉的叶片、枝干、花蕊上有一层细毛，看上去毛茸茸的。制作这类花卉时，可以在其表面裹一层毛绒粉。

纸包铁丝

纸包铁丝用于制作迷你黏土花的花枝，制作迷你黏土花时，常将花朵、叶片固定在纸包铁丝上。

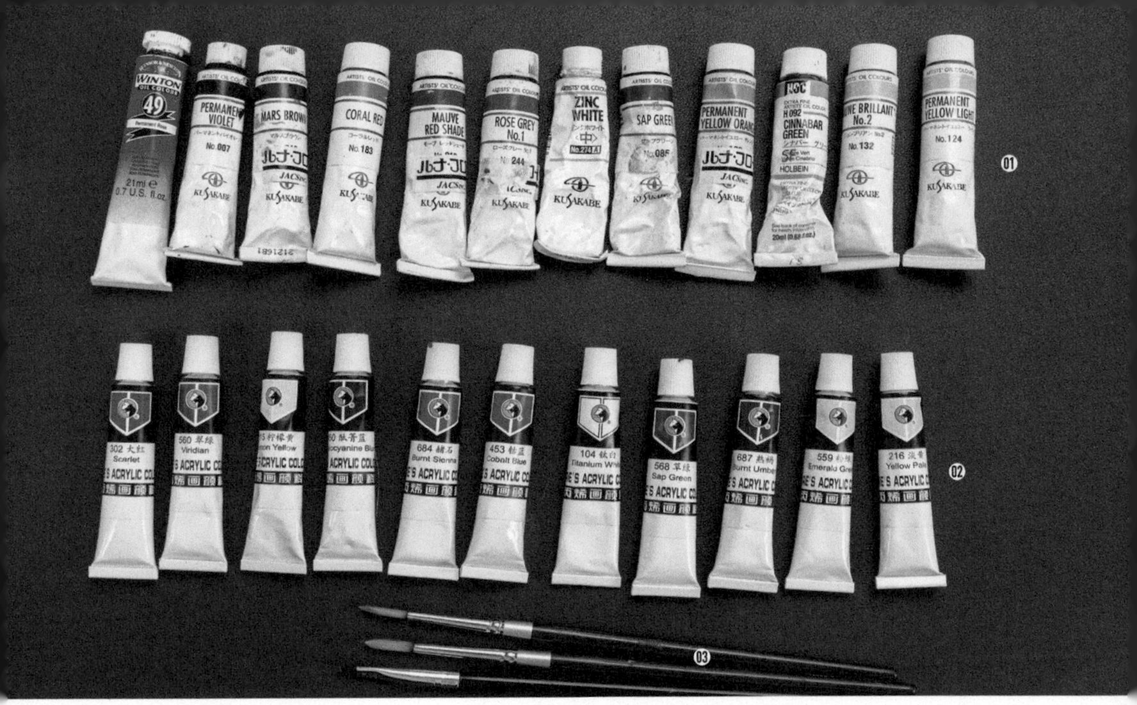

01 油彩颜料　　02 丙烯颜料　　03 毛笔

黏土上色材料和工具及其使用方法

油彩颜料

油彩颜料（油性的颜料，与油画颜料类似）在迷你黏土花的制作中用于调制黏土颜色，在制作花卉时，也可以为黏土花上色。

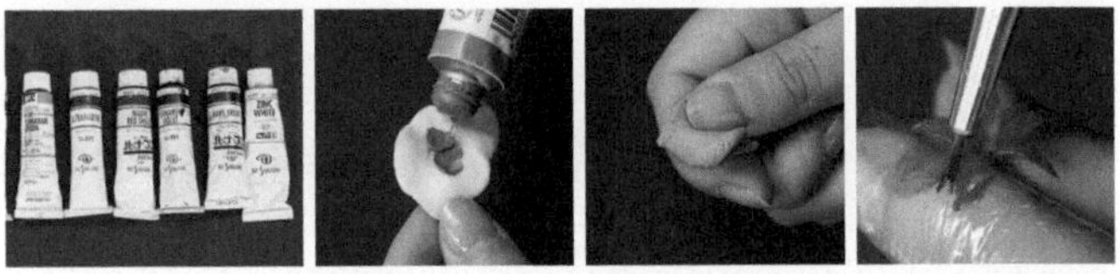

丙烯颜料

在本书中，丙烯颜料多用于给花蕊着色。

毛笔

毛笔在迷你黏土花的制作中用于调色、上色、稀释白乳胶、刷白乳胶，在使用时可依据着色对象的大小选择毛笔的大小。

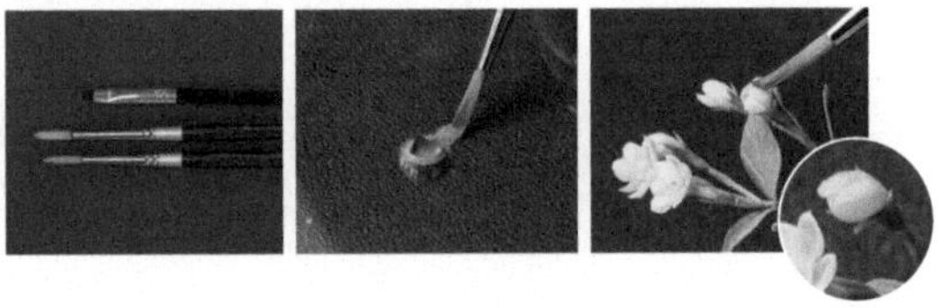

黏土的保存方法

黏土开封之后要是放置在外面很容易干燥，干燥后的黏土无法使用，这会导致黏土的浪费，所以一定要收纳好开封后的黏土。用油彩颜料将黏土调好色后，先用塑封袋装好，再放到保鲜盒中，这样既干净地收纳了黏土，又最大限度地保持了黏土的湿度。

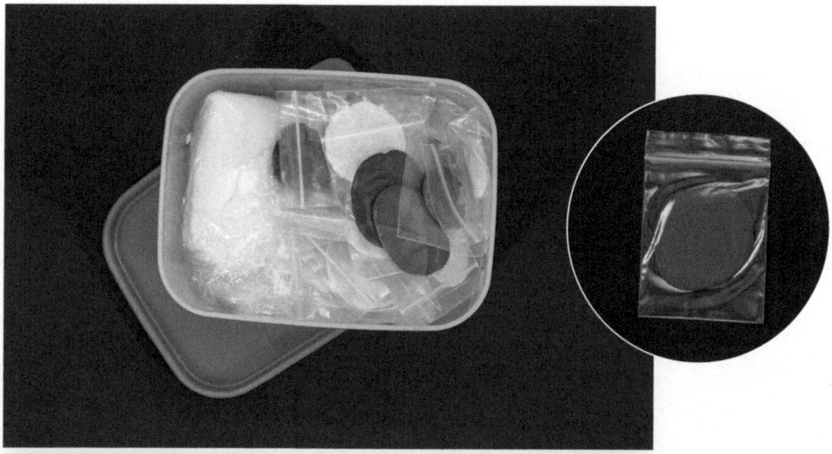

第二章

制作迷你黏土花的小技巧

基础手法介绍

迷你黏土花小巧精致，它的制作大多都在手指间进行。迷你黏土花的制作手法中，应用最多的为揉、搓和擀，其次是压和剪。

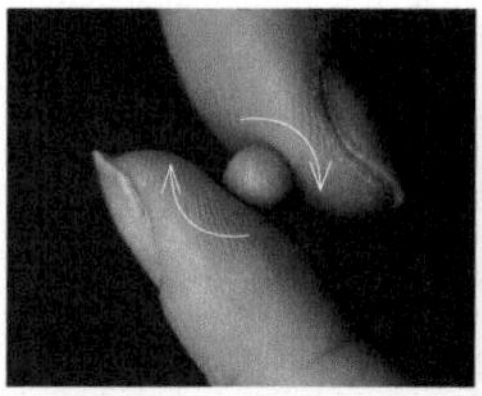

揉

将黏土放在手指或者手掌中，用打圈的方式将其揉成无裂纹的球形。揉的速度一定要快，以避免黏土干裂。

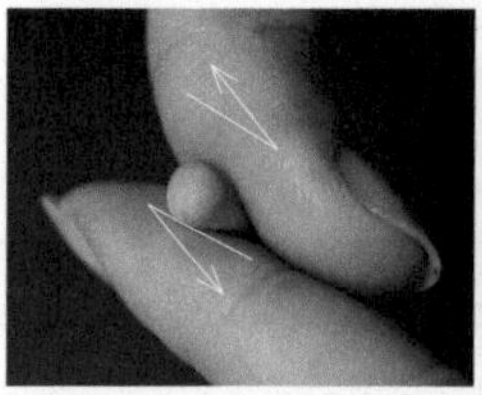

搓 **搓水滴形**

将揉好的球形一端放在两只手的手指尖，手指一前一后来回搓，将球形搓成一头尖、一头圆的水滴形。

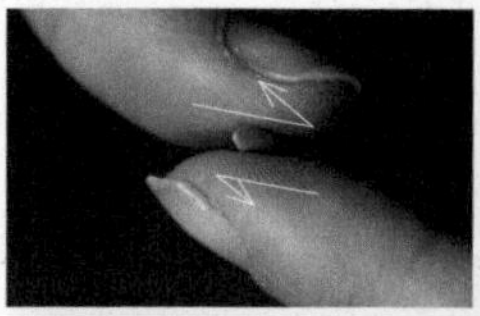
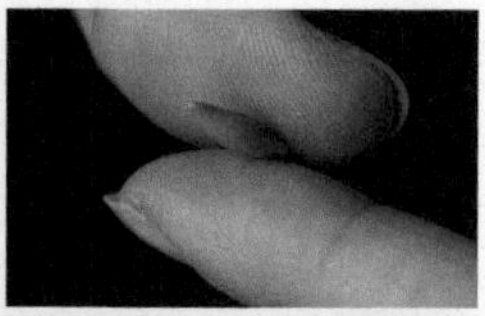

搓梭形

搓梭形与搓水滴形的方法相同，先将揉好的球形一端放在两只手的手指尖来回搓，再换另一端来回搓，球形就成了两头尖的梭形。

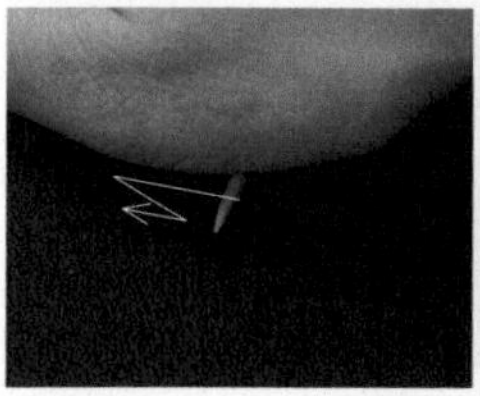
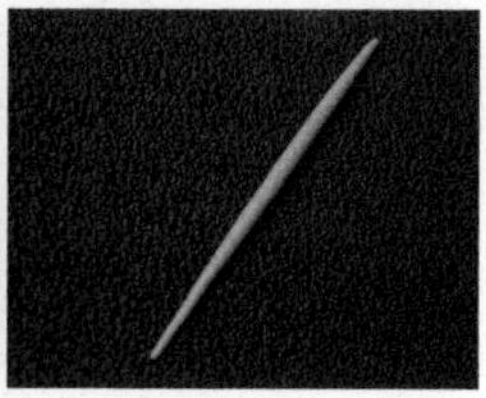

搓长条

将黏土放置在干净桌板上，用手掌边缘、拇指根部来回搓，搓成长条形。

擀　擀小薄片

将黏土揉搓成梭形，竖直放置于左手食指上，用开花棒从黏土中间压纹，将黏土均匀分成两瓣。

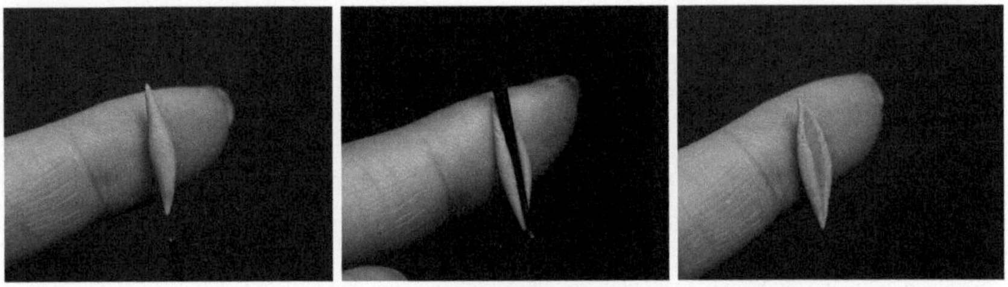

将开花棒由中间向一侧以扇形线路滚动，将黏土擀开。

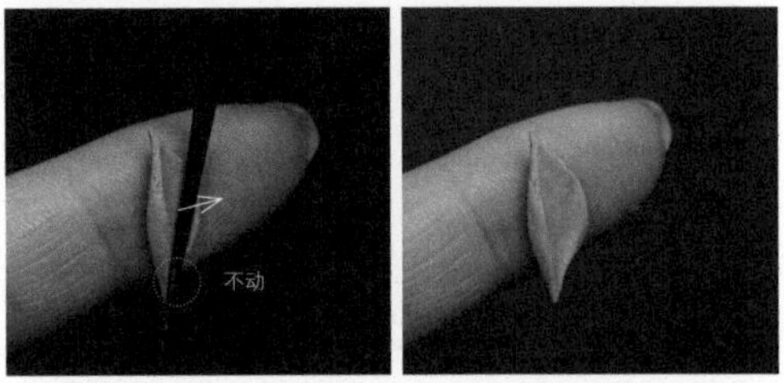

以相同的方法将另一侧擀开，擀小薄片就完成了。

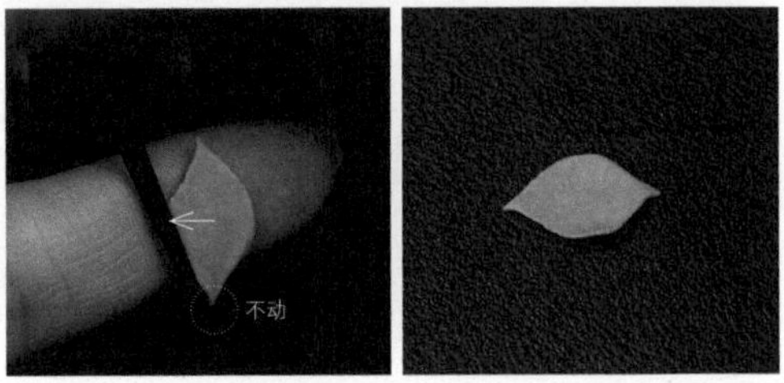

擀大薄片

将揉好的球形拍平，放置于干净的桌板与透明亚克力板中间，用棒均匀擀薄。

压 **压勺形**

将擀成水滴形的薄片放置于左手手掌或食指上，重点是要放在柔软的物体上，用丸棒轻轻打圈按压调整弧度，将薄片压出一个圆形凹口，成为勺形。

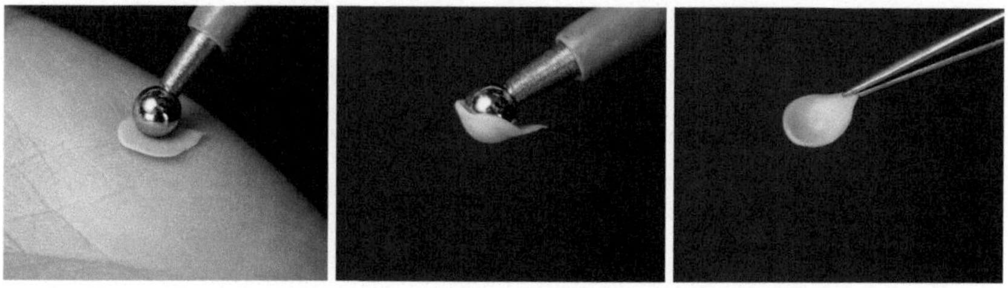

压褶皱

将水滴形的薄片放置于左手食指上，用开花棒的细头从左到右依次按压，形成褶皱。

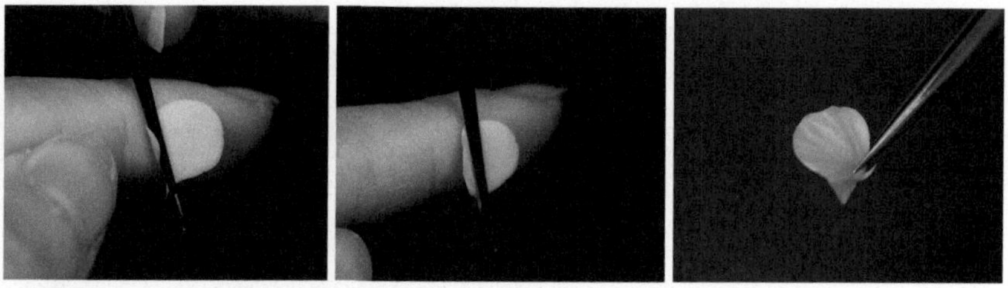

剪

将黏土揉搓成水滴形，根据需要的份数，一分二、二分四……依次用剪刀剪开。

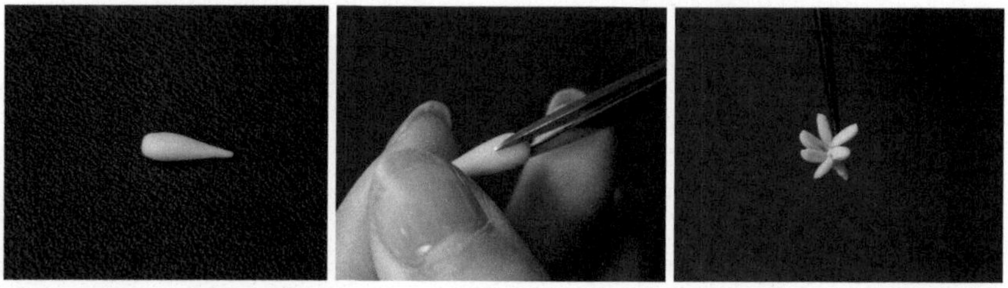

迷你黏土花基础部件的制作技法

迷你黏土花可分花瓣、叶片、花蕊、花萼和枝干5个部分，每个部分需要关注的是外形和对应的制作手法。学会5个部分的制作，迷你黏土花制作就算入门了。

花瓣制作技法

水滴形花瓣

将黏土揉搓成水滴形，竖直放置于左手食指上，用开花棒从中间按压，压出凹槽。

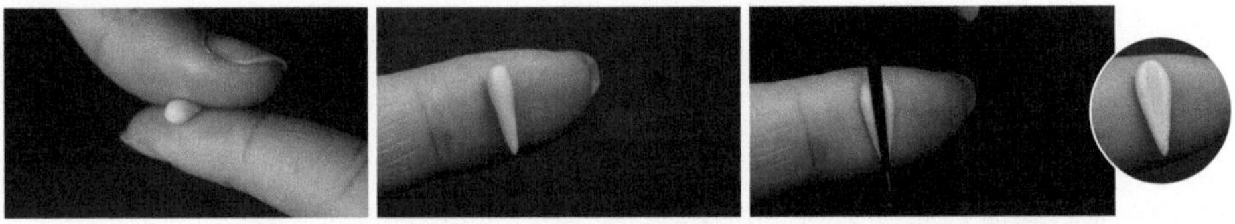

将开花棒从凹槽分别以扇形线路向右侧、左侧擀开黏土，最后调整形状。

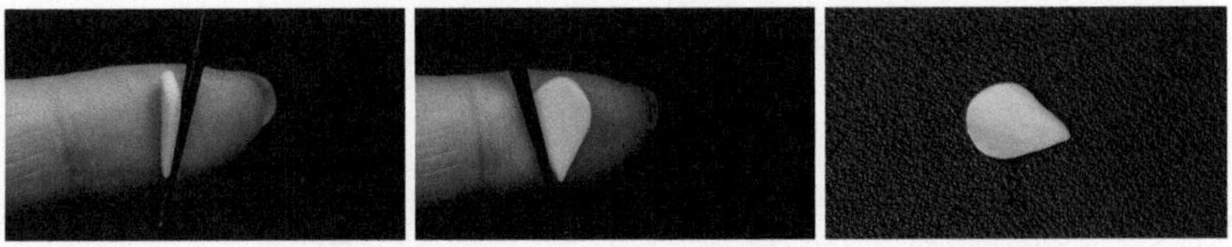

梭形花瓣

将黏土揉搓成梭形，竖直放置于左手食指上，用开花棒按压梭形中间，压出凹槽。

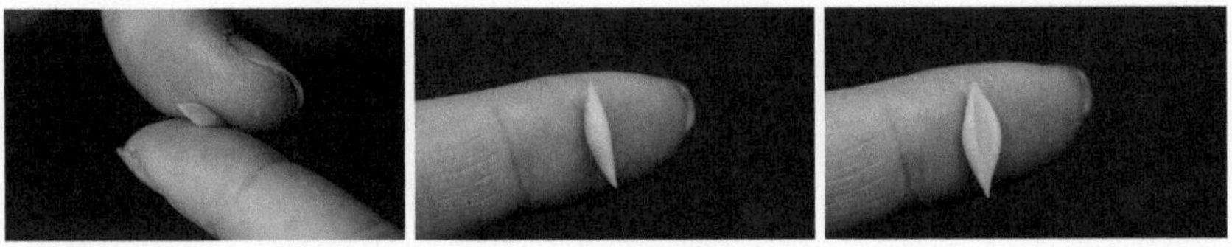

用开花棒将梭形的左右两边分别擀开，最后调整形状。

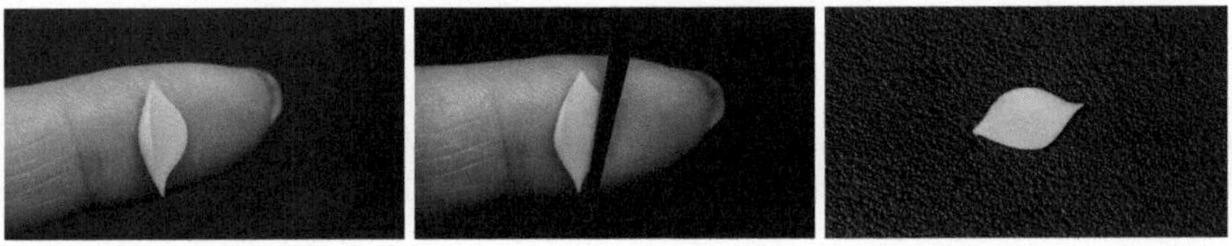

勺形花瓣

将水滴形花瓣放置于左手的手掌边缘，用丸棒轻轻打圈按压调整弧度，最终将水滴形薄片调整成勺形花瓣。

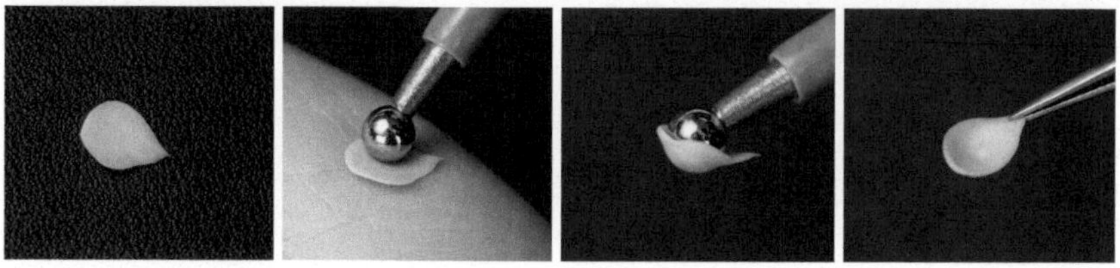

条形花瓣

将黏土搓成细长的水滴形，用大小合适的丸棒从水滴形中部按压；再分别向下、向上轻轻擀开，擀出自然的弧度。

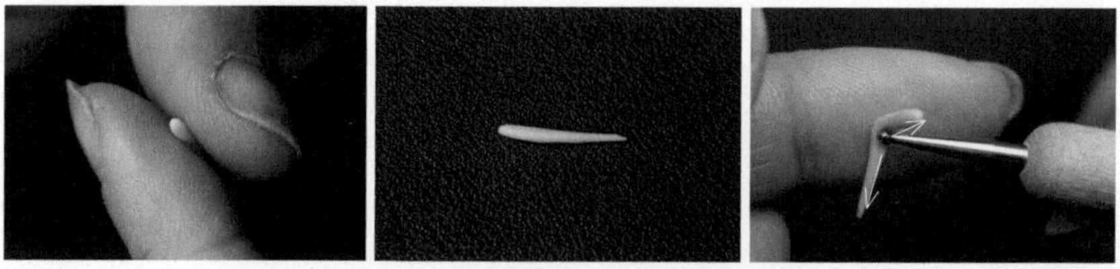

最后用大一点的丸棒将细长条轻轻弯曲，让花瓣内卷。

褶皱花瓣

将水滴形花瓣放置于左手食指上，用开花棒的细头从左到右均匀间隔地按压，按压的过程中让花瓣自然卷翘，形成褶皱。

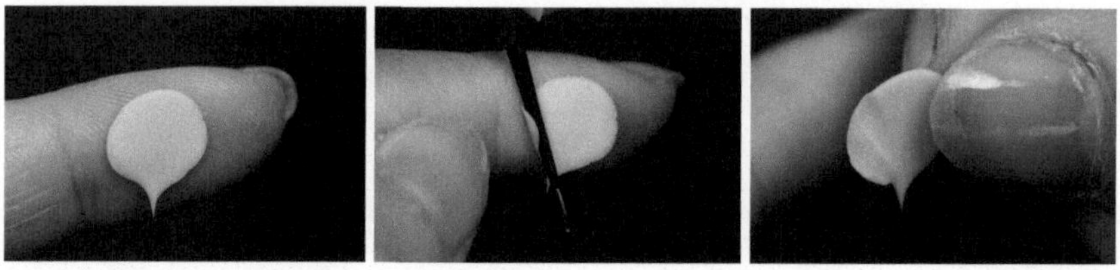

注意压褶皱时，以花瓣根部为原点，让褶皱以扇形的方式分布。

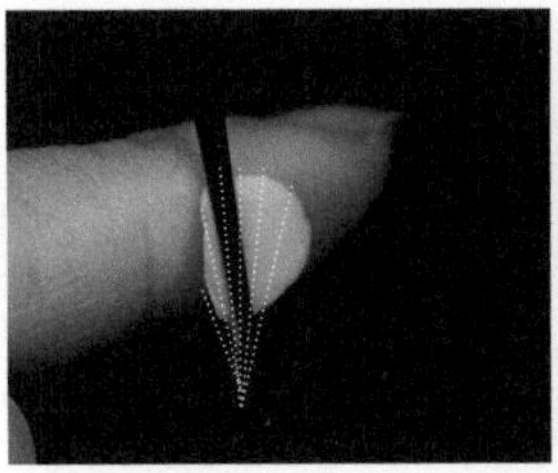
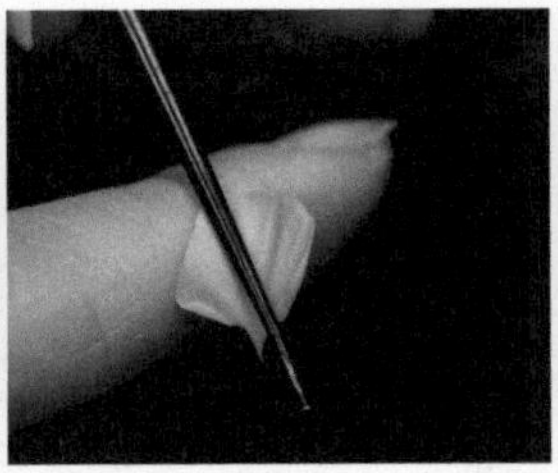

卷边花瓣

将黏土搓成水滴形，轻轻按扁，用剪刀将圆的一头剪成若干份。

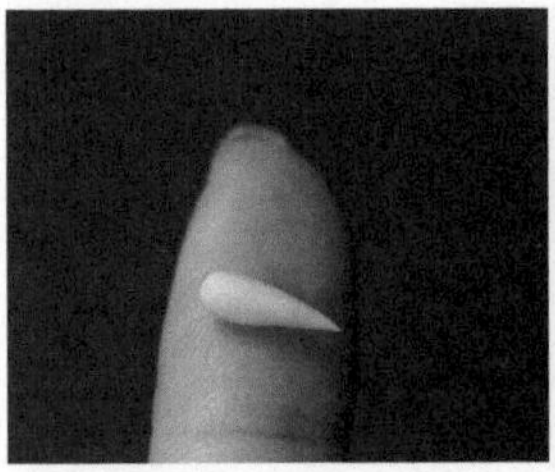
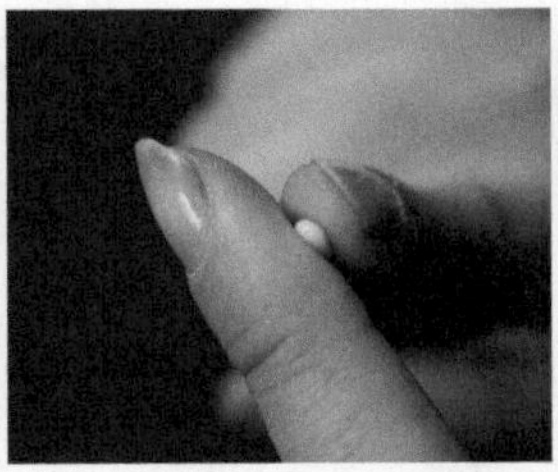
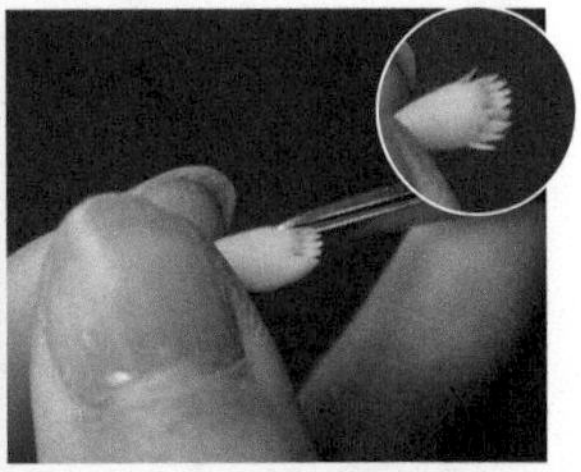

将剪好的黏土放置于食指上，用开花棒将花瓣擀开，从左到右均匀地压出纹路与褶皱。

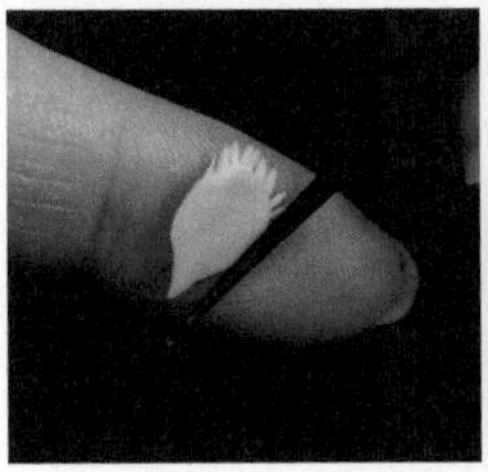
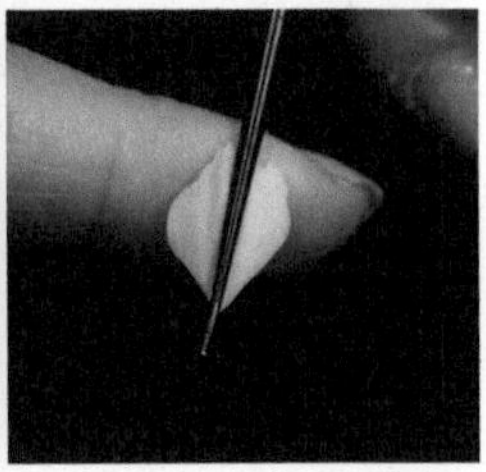

花瓣边缘可压一些小褶皱，这样边缘不规则的卷边花瓣就制作完成了。

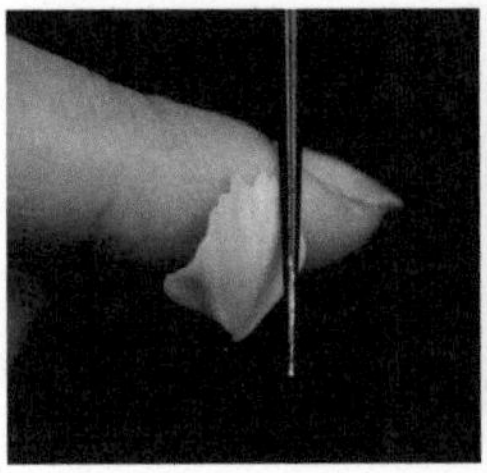

整体花瓣

将黏土揉搓成水滴形，将圆的一头剪成两份，再分成均匀的六份。注意，如果是五瓣的花，就先将圆的一头剪成一大一小两份，再将大的一份剪成三份，小的一份剪成两份。

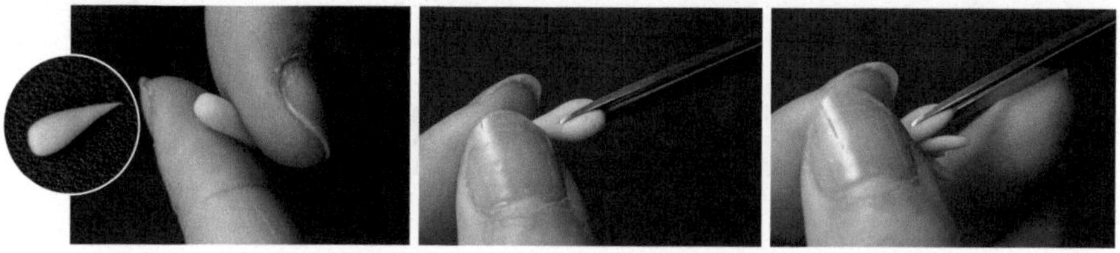

将剪好的分叉的尖减掉，将需要擀开的分叉靠在左手食指上，用开花棒按照擀水滴形花瓣的步骤将其擀开。将需要擀开的分叉旋转到指腹处。

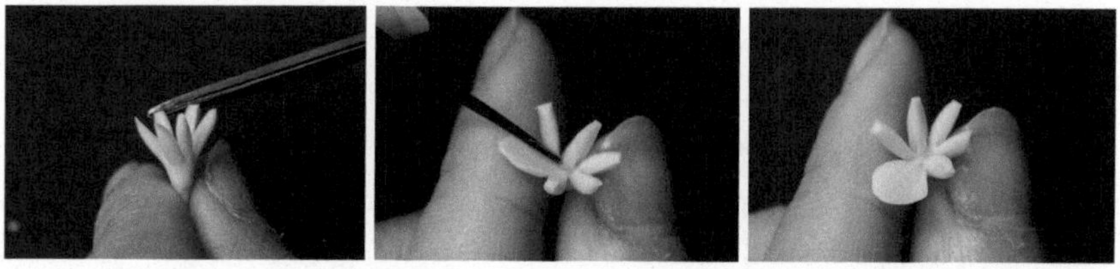

先从中间按压，再左右擀开。旋转直至所有的花瓣都擀开，成为一朵圆形的六瓣小花。

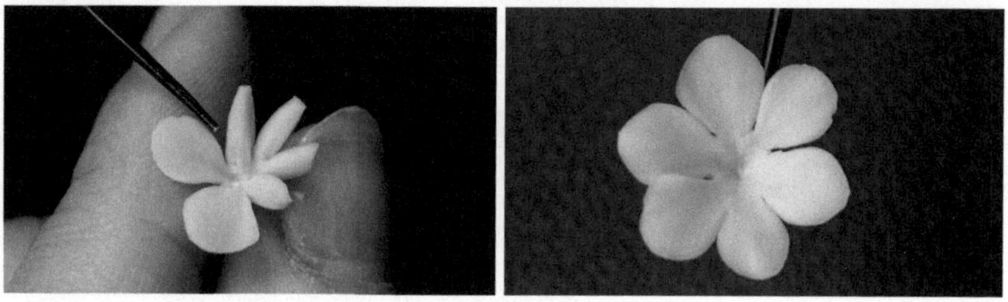

小提示

如果花瓣需要有尖角，剪出分叉之后，就不用把顶部修剪平整。

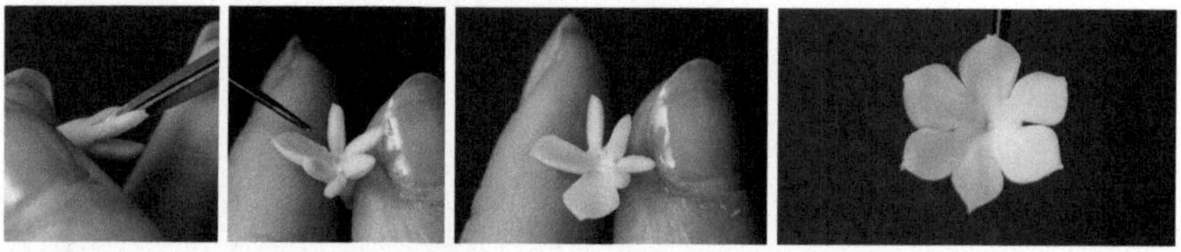

叶片制作技法 **梭形叶片**

梭形叶片与梭形花瓣的制作方法一致。先将黏土揉搓成梭形，竖直放置于左手食指上，再用开花棒从中间按压形成凹槽，将梭形的左右两边分别擀开，最后调整形状。

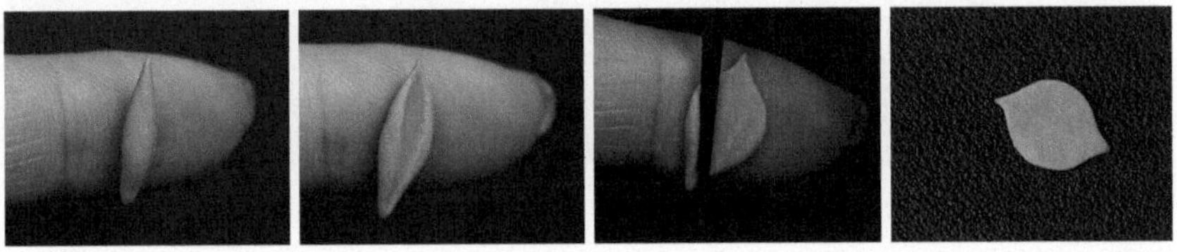

剑形叶片

先将黏土揉搓一下，再把黏土放置于干净的桌板上，用手指和手掌边缘将其搓成两头尖的细长条。

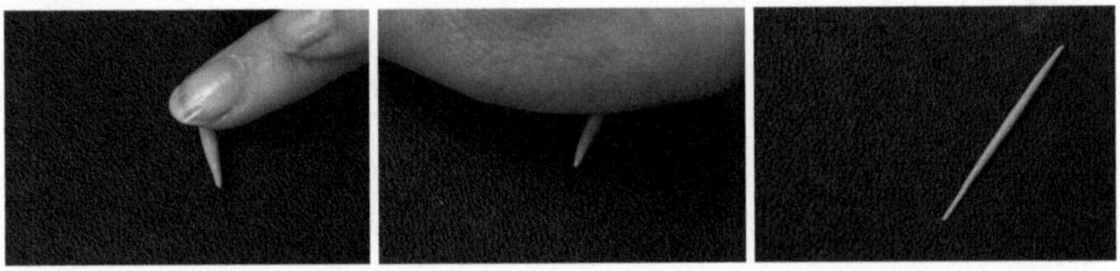

最后将细长条放置于两块透明亚克力板之间，轻轻按压，将细长条压成剑形叶片。

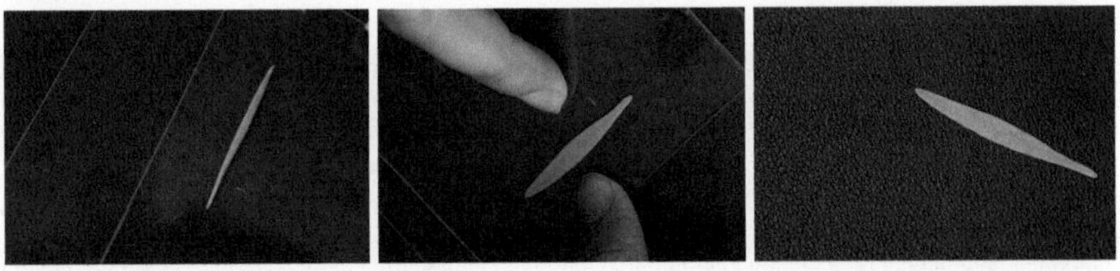

分叉叶片

将黏土揉搓成梭形，轻轻压扁，用剪刀在梭形的左右两边各剪一下，分出两条小枝。

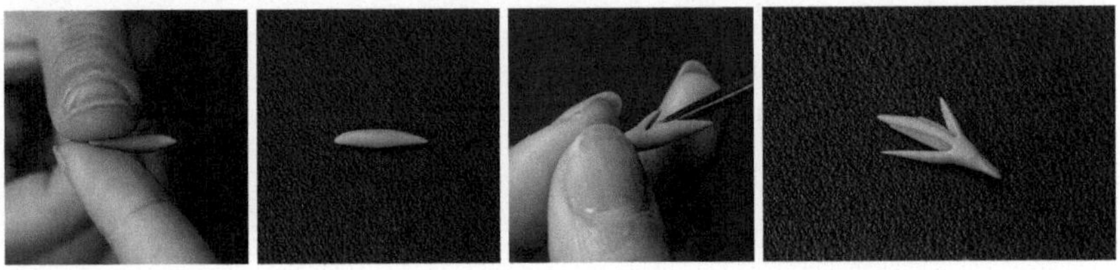

从中间的分枝开始，按照梭形叶片的擀开方式擀开。

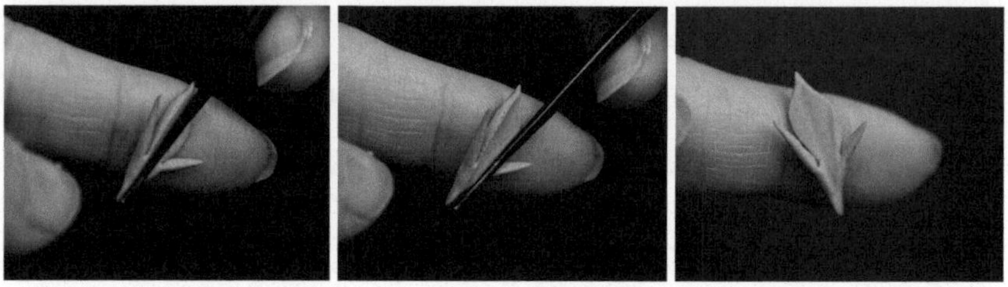

再依次擀开左右两边的两枝，完成分叉叶片的制作。

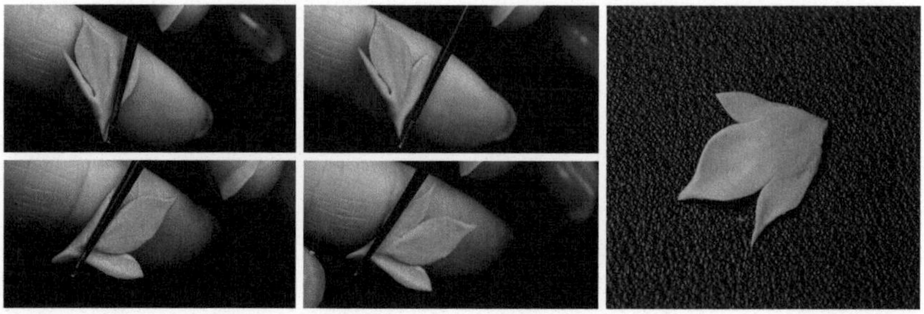

圆形叶片

将黏土揉搓成水滴形，用粗一点的开花棒从水滴形圆的一头中心插入，再将其轻靠在左手食指上。

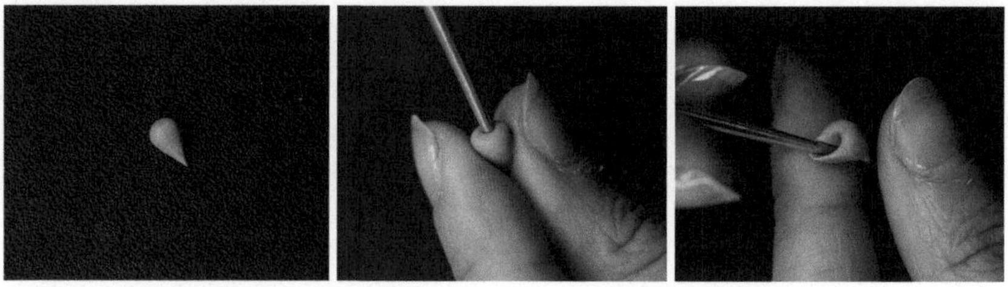

顺着一个方向旋转并擀开，不断调整形状，直到黏土完全擀开。

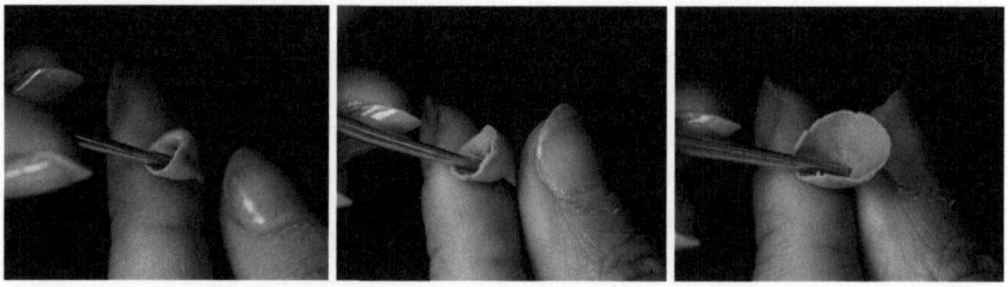

继续旋转调整叶片形状，直到黏土成为打开的圆形。

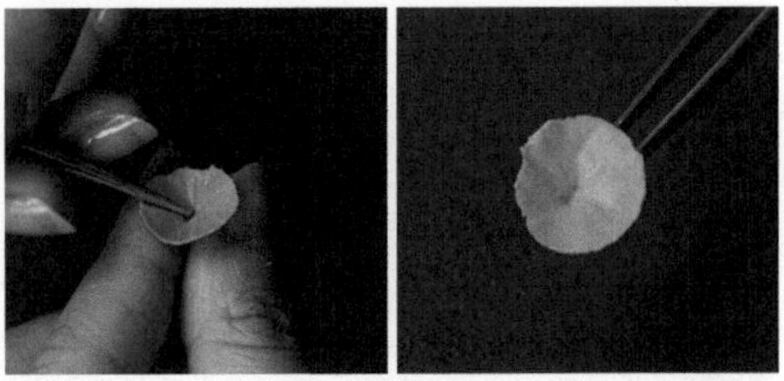

压模叶片

将黏土揉成球形再按扁，将其放置于两块透明亚克力板之间，用棒轻轻擀成薄片。

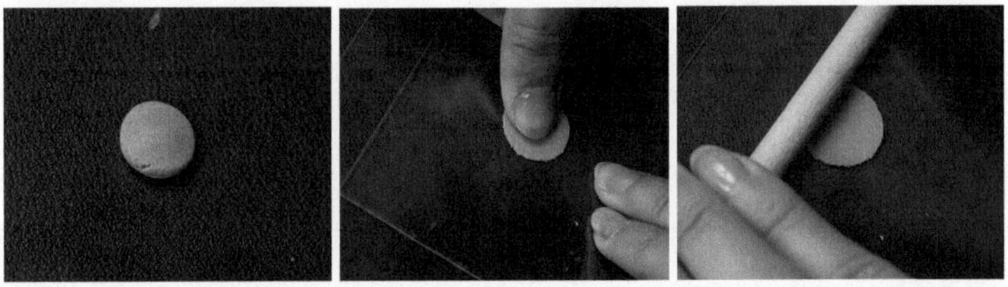

移走上面的亚克力板，将叶片模具覆盖于黏土上方，用力按压。拿走叶片模具，薄片上就有了叶片的雏形。

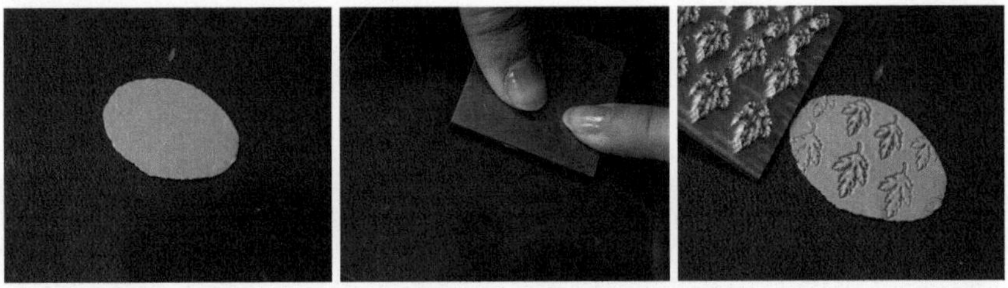

用细节针沿着叶片边缘剔除多余的黏土，留下叶子备用。

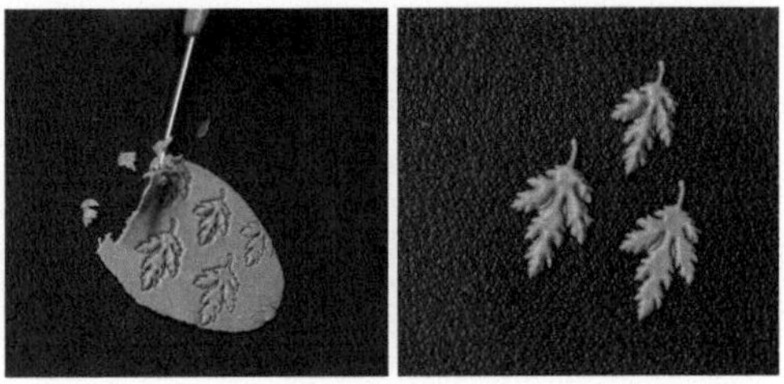

花蕊制作技法 **球形花蕊**

用镊子夹住30号纸包铁丝的顶端，向一侧弯曲形成9字形，在其上涂白乳胶。

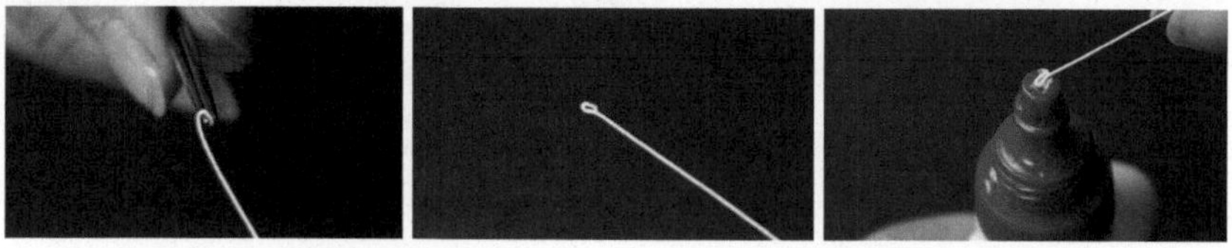

将黏土搓成球形，将纸包铁丝弯钩一端插入球形黏土中，调整形状，使纸包铁丝的弯钩完全埋在黏土里。

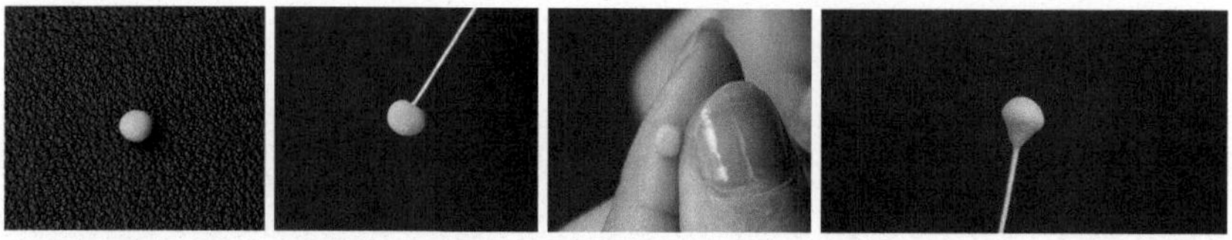

将顶端按平，用细节针戳出不规则的小孔，球形花蕊就制作完成了。

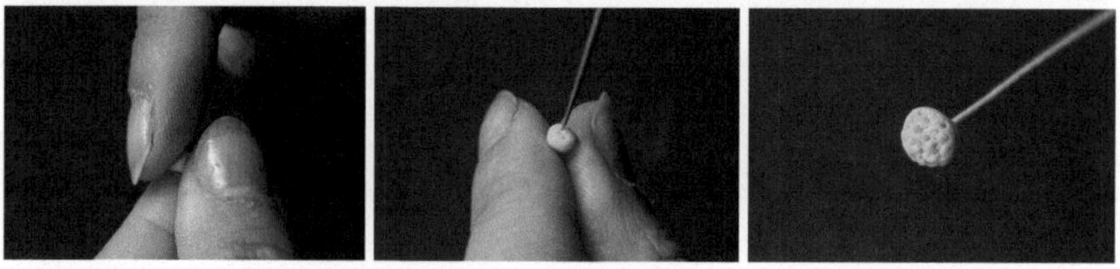

须状花蕊

取一小块黏土放置在干净的桌板上，用食指来回搓，搓的时候注意左右均匀地移动手指，让黏土形成极细的均匀长条。

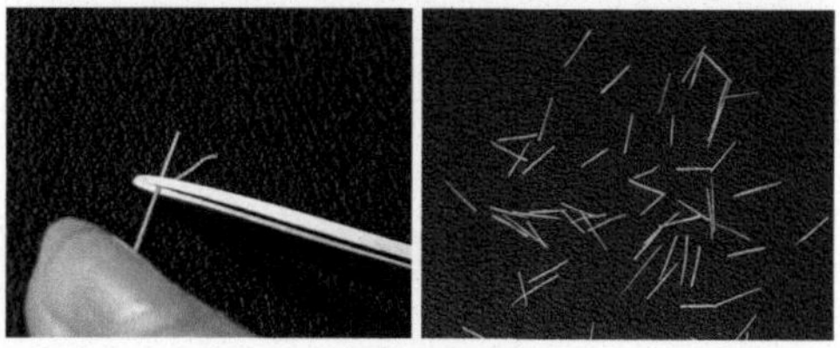

用剪刀将细长条剪成若干份，须状花蕊就做好了。

整体型剪切花蕊

将黏土搓成长长的水滴形。

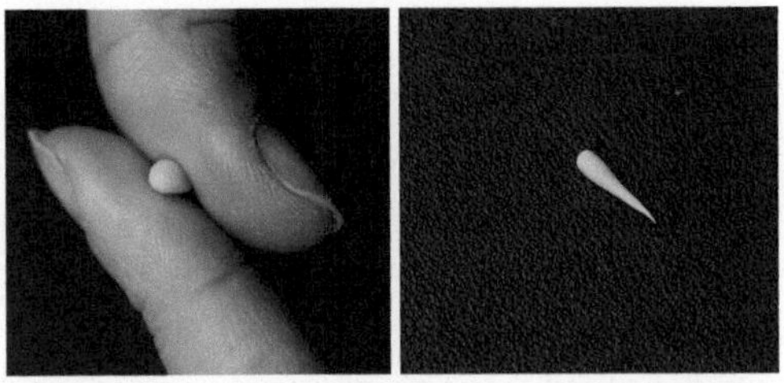

用剪刀将较圆的一头对半剪开，再继续将其剪成15份以上的若干份。

用开花棒将剪开的分叉收拢，调整形状，形成花蕊。

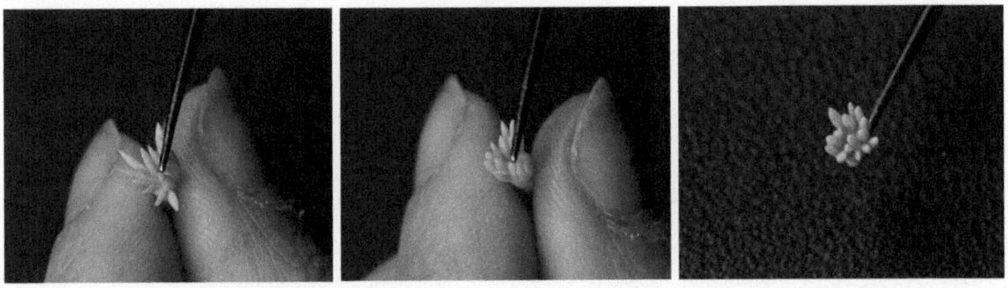

花萼制作技法

将黏土搓成水滴形，用剪刀把尖头剪成需要的份数。

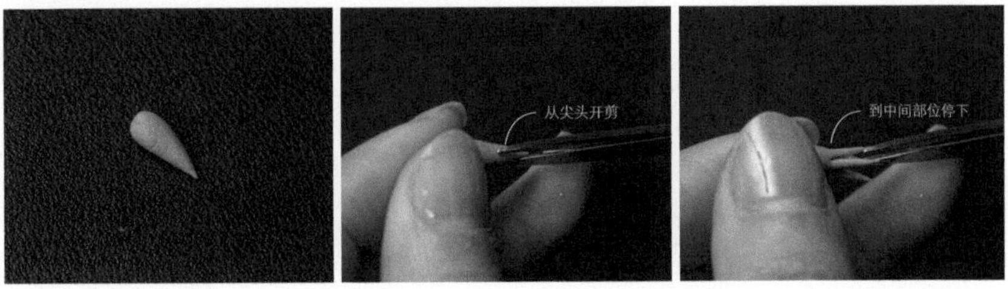

将剪好的分叉靠在左手食指上，用开花棒轻轻擀开，旋转并依次擀开。

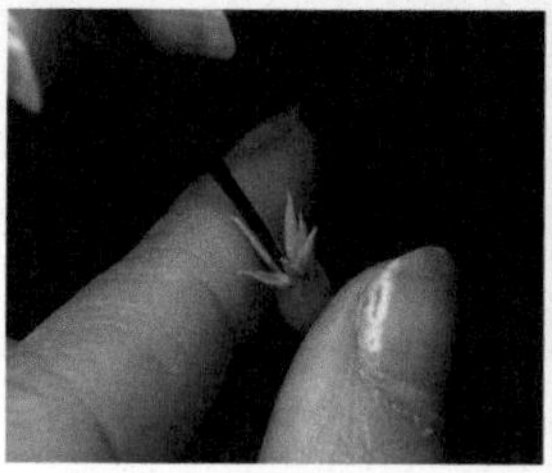
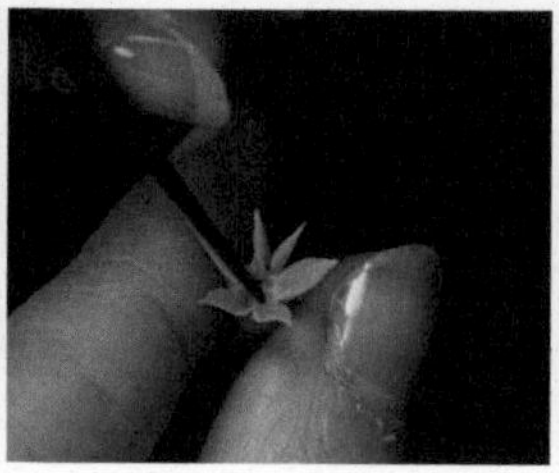

枝干制作技法

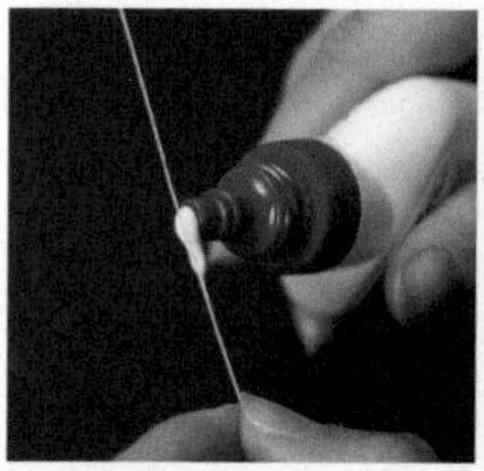
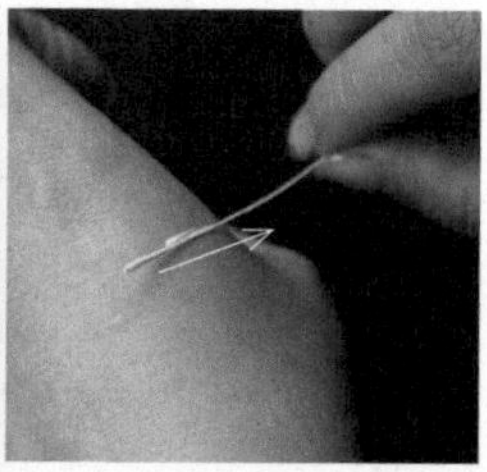

在纸包铁丝上均匀地涂抹白乳胶，在手背上蹭一下，除去多余的胶水。

取一小块绿色的黏土，从纸包铁丝的上方开始包裹。

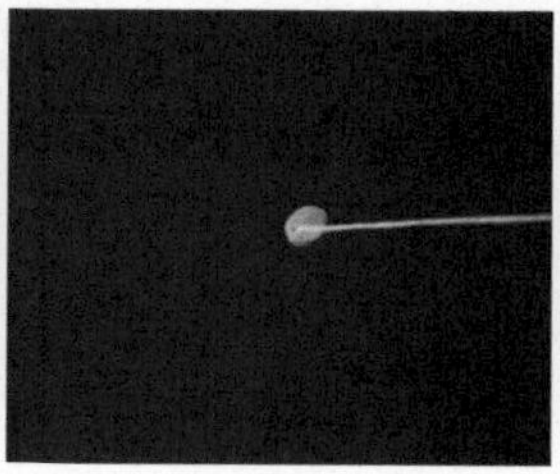
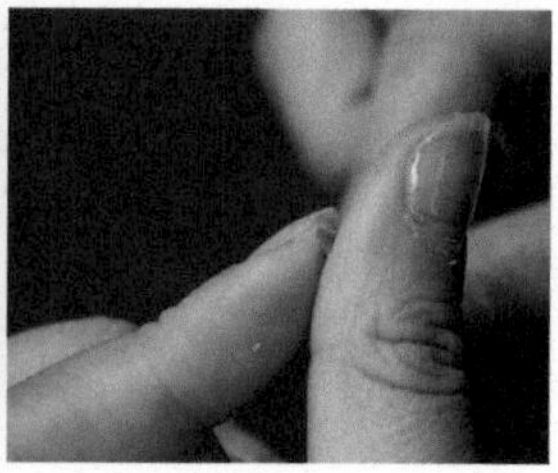

用左手食指与大拇指捏住黏土，两指来回搓动并向下推，让绿色黏土均匀地包裹铁丝。

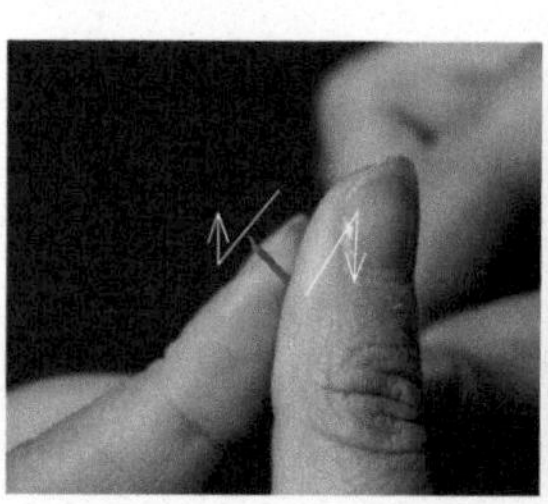
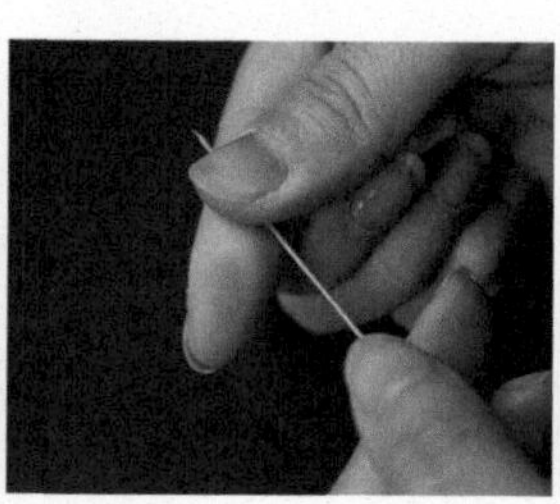
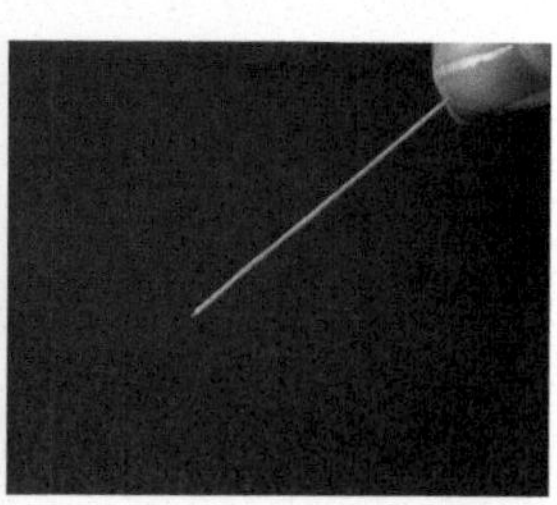

黏土颜色

制作迷你黏土花的黏土只有两种白色的黏土，要让黏土呈现各种颜色，需要用到颜料。如何用颜料调出各种颜色的黏土呢？接下来先介绍混色方法，再展示这本书会涉及的各色黏土。

黏土的混色方法

需准备

⓫ 日本 DESIGNER CLAY 黏土

⓬ 日本 Grace 黏土

⓭ 日本ARTISTS’OIL COLOR油彩颜料，也可以用油画颜料代替

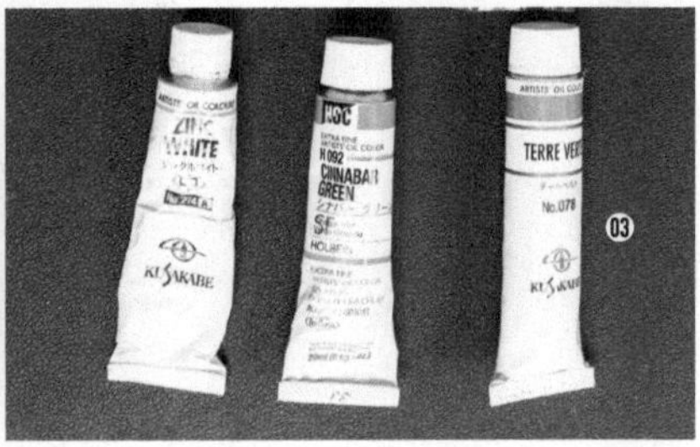

混色操作

将DESIGNER CLAY黏土与Grace黏土按照3：1的比例混合，揉搓使其混合均匀，再加入少量白色颜料揉搓混合均匀，使其不呈现略黄的效果。

将需要的颜色直接加入黏土中，揉搓使其混合均匀，让颜色完全融合于黏土中。

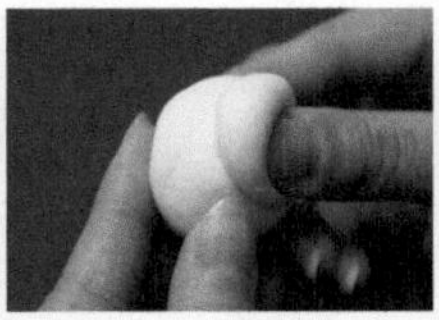
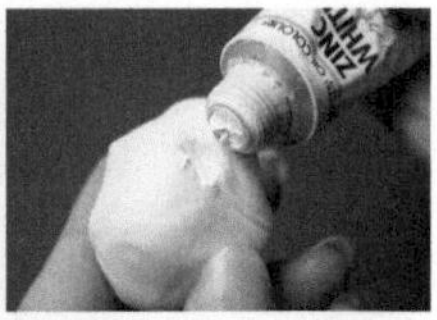
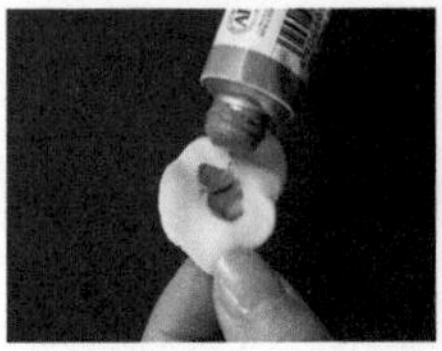
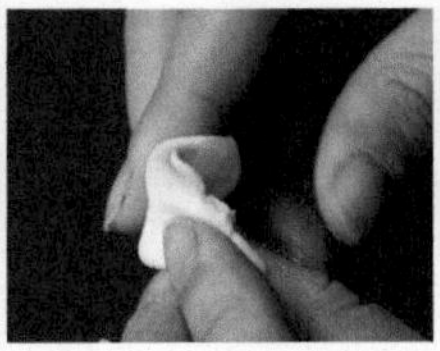
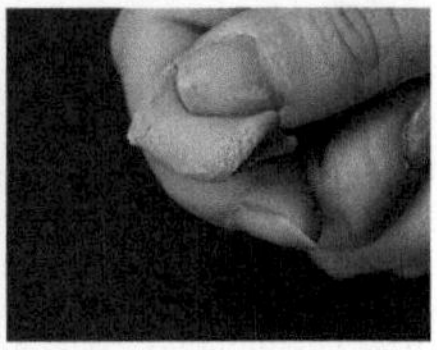

混色小技巧

每种颜色都可以做出深浅不同的效果，混色时多加一点颜料，混出来的黏土颜色便深；少加一点颜料，混出来的黏土颜色便浅。

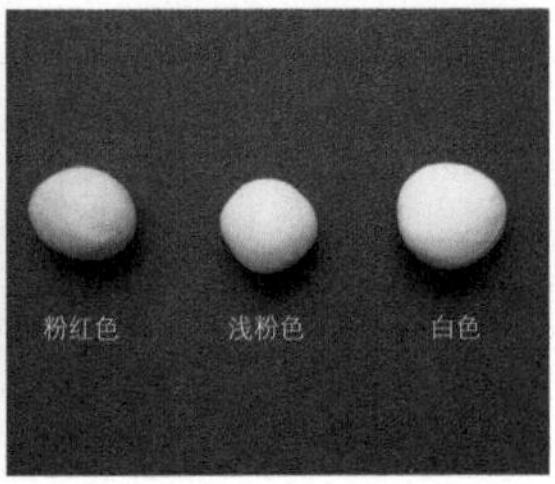

混色时可加少许对比色颜料，这样可以降低颜色饱和度，让混出来的黏土颜色沉稳、好看。如下图，在混绿色黏土时，可以加一点红色颜料。

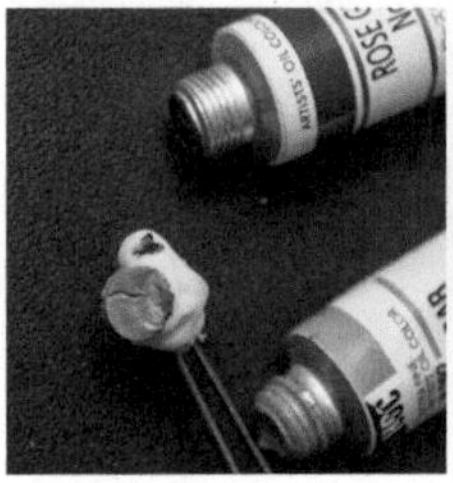
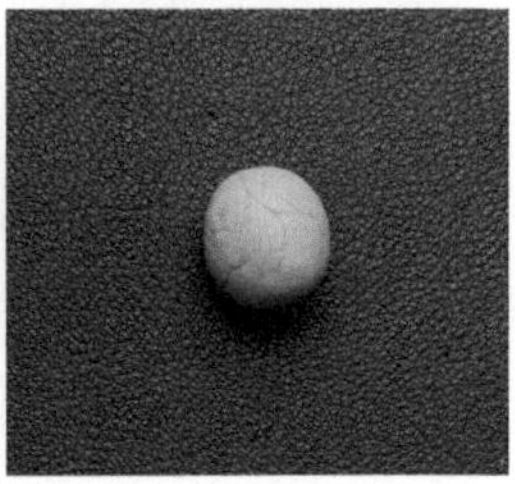

本书使用的黏土颜色

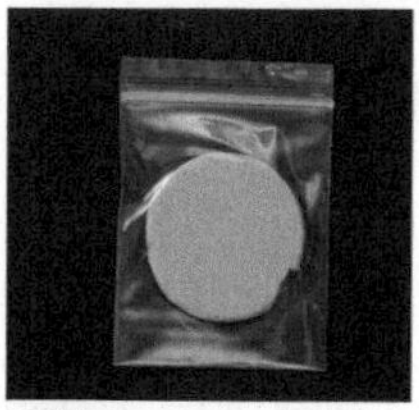
姜黄色
中黄色加少许棕黄色

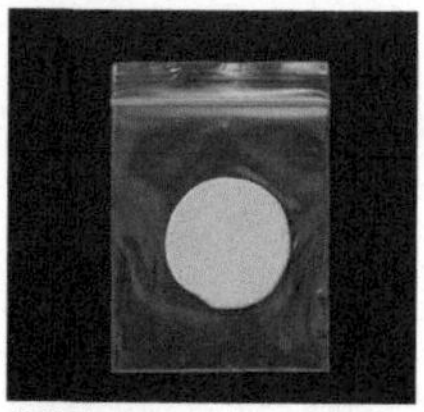
藤黄色
纯中黄色调色

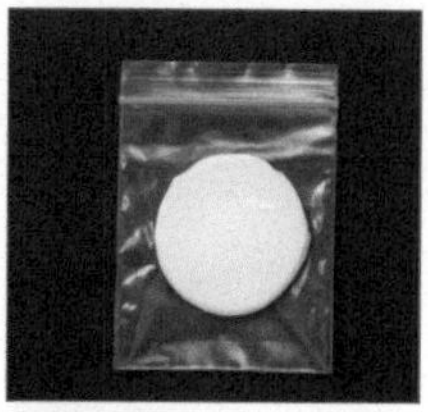
鹅黄色
少许柠檬黄色加少许中黄色

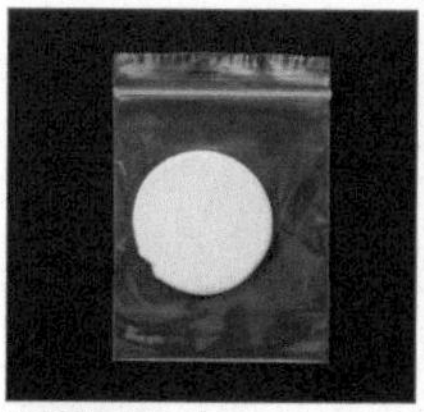
浅黄色
少许柠檬黄色调色

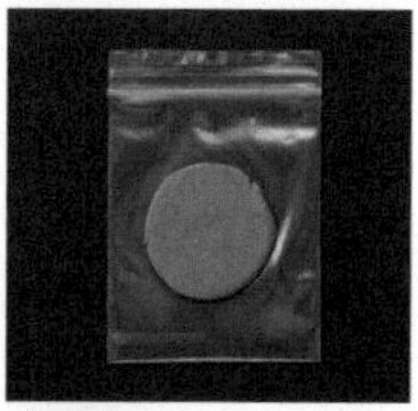
橄榄绿色
中绿色加红色

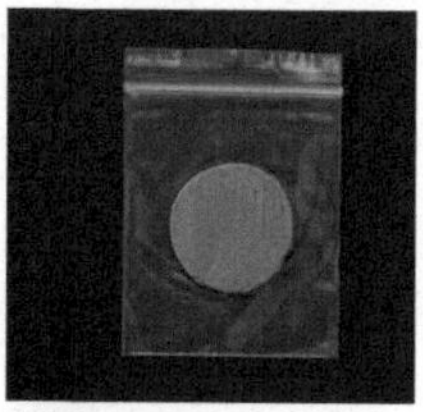
深绿色
黄绿色加少许蓝色

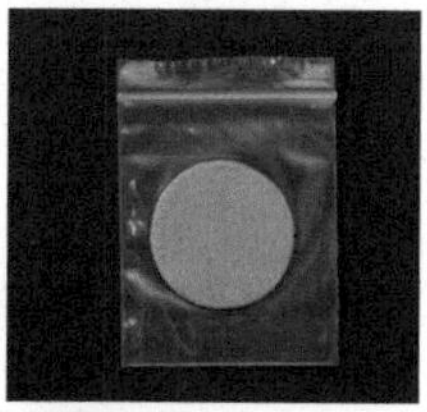
浅绿色
适当黄绿色加少许浅粉色

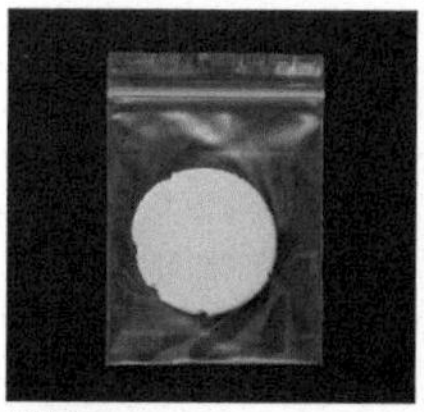
芽绿色
少许黄绿色调色

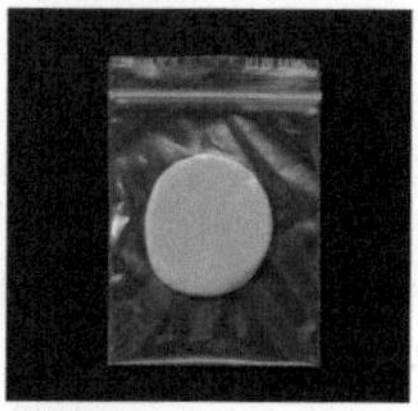
蓝紫色
蓝色加少许紫色

浅蓝色
少许蓝色调色

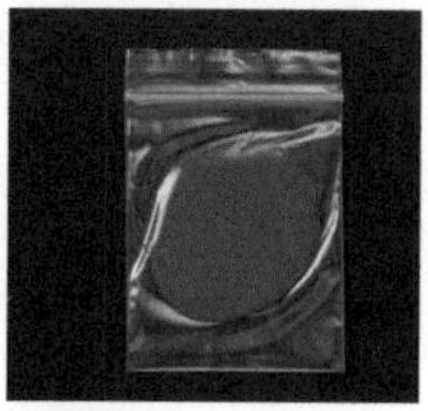
浆果红色
酒红色调色

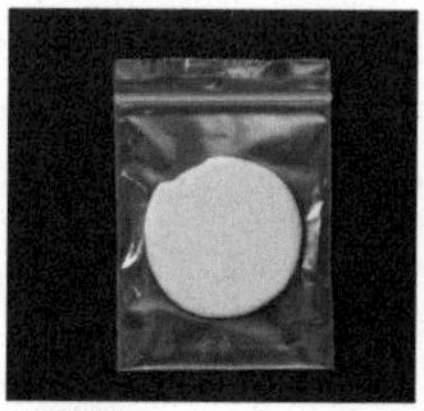
紫罗兰色
少许紫色调色

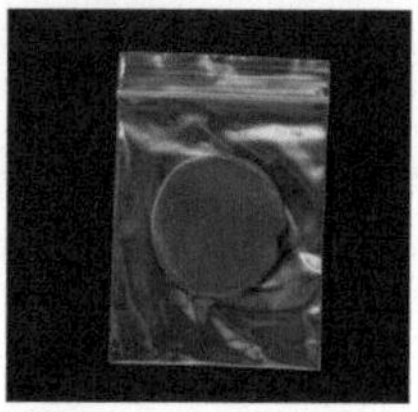
棕色
纯棕色调色

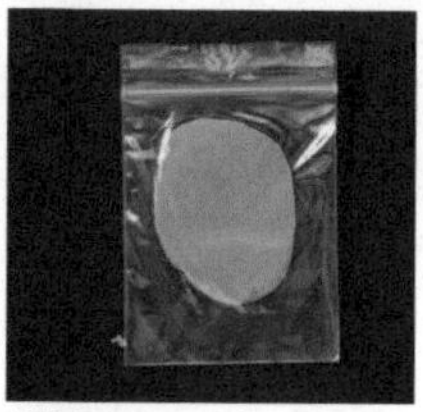
皮粉色
粉色加少许绿色

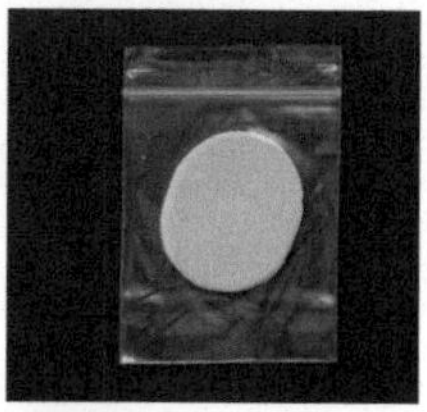
浅皮粉色
调好的皮粉色黏土加少许未调色黏土

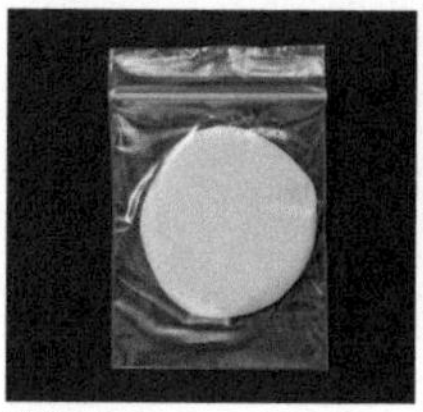
粉色
少许粉色调色

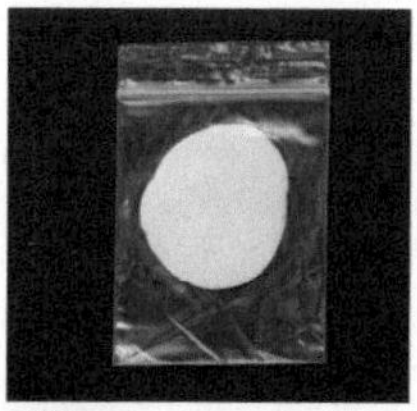
浅粉色
少许粉色加少许透白色

薄雾粉色
调配好的浅粉色黏土加入适量未调色黏土

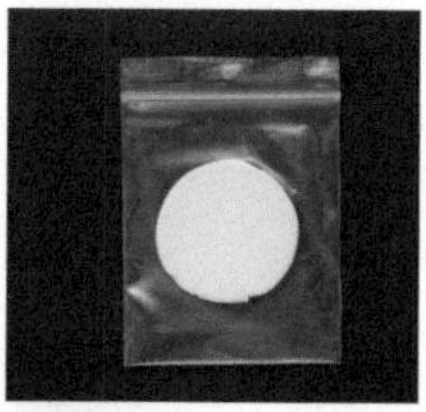
透粉色
少许粉色调色

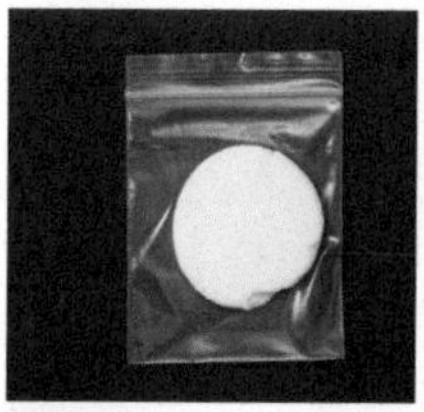
白色
透白色调色

CHAPTER THREE

第三章

小巧可爱的花植制作

铃兰

◆花卉样本

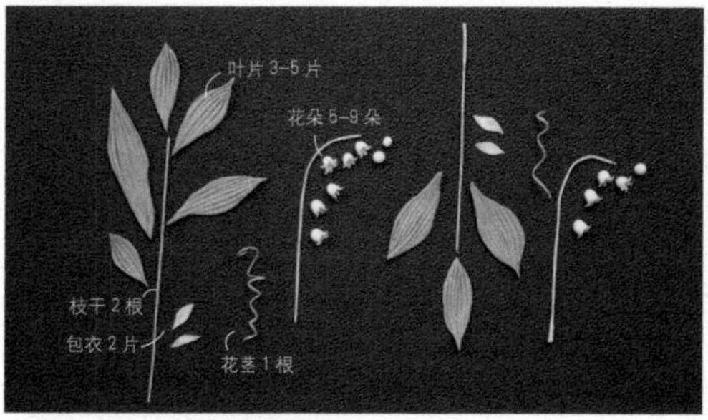

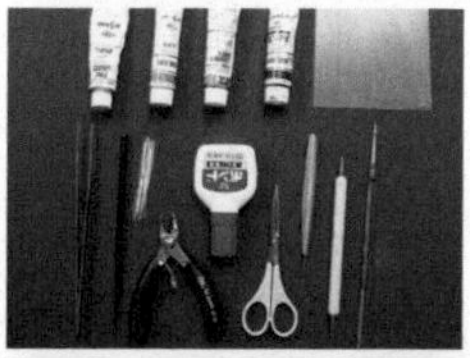

材料与工具

油彩颜料、镊子、开花棒、剪钳、白乳胶、剪刀、细节针、丸棒、毛笔、亚克力板、纸包铁丝

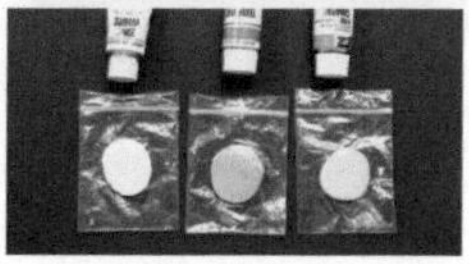

黏土颜色

白色、浅绿色、芽绿色

STEP 01 制作花朵

① 取一小块白色黏土搓成水滴形，用剪刀将水滴形尖的一头剪成6份，分叉长约2mm。

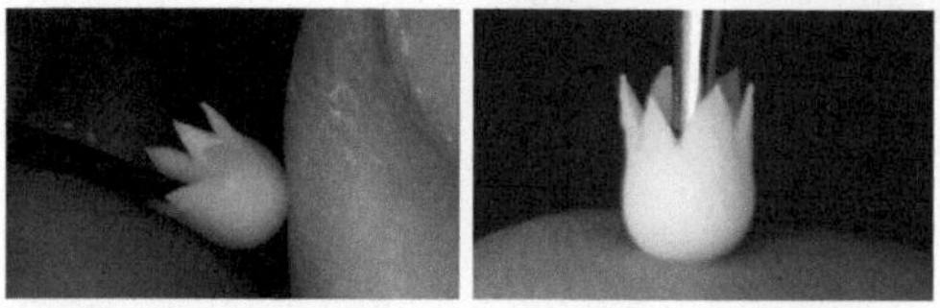

② 将剪开的分叉轻靠在左手食指上，用开花棒依次擀开，用丸棒调整花朵内部。

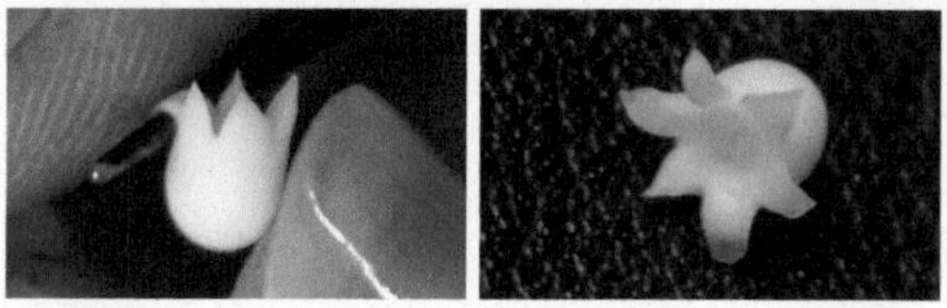

③ 用开花棒的细头将擀开的花瓣翻卷下来，铃兰花的基本形状便出来了。

④ 取少许芽绿色的黏土，用手指将它搓成细长条，再把细长条缠绕在开花棒上，定形之后取下用剪刀剪成小段作为花茎。

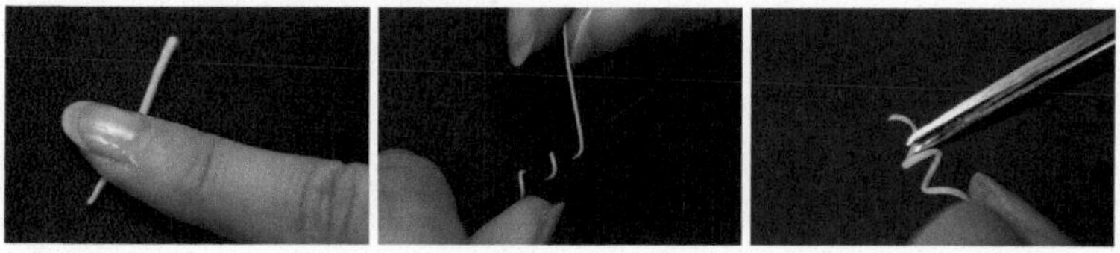

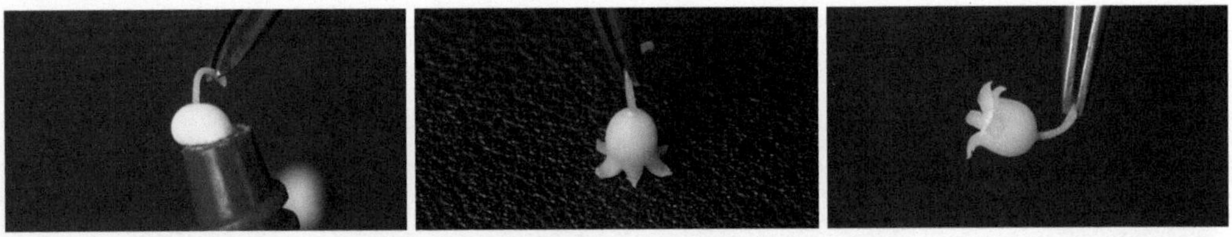

05 在刚才剪好的小段花茎一端涂上白乳胶，将其与花朵粘贴。

06 花苞的制作。只需取一小块白色黏土搓成球形，再将其与小段花茎粘贴，花苞就做好了。

STEP 02 制作枝干

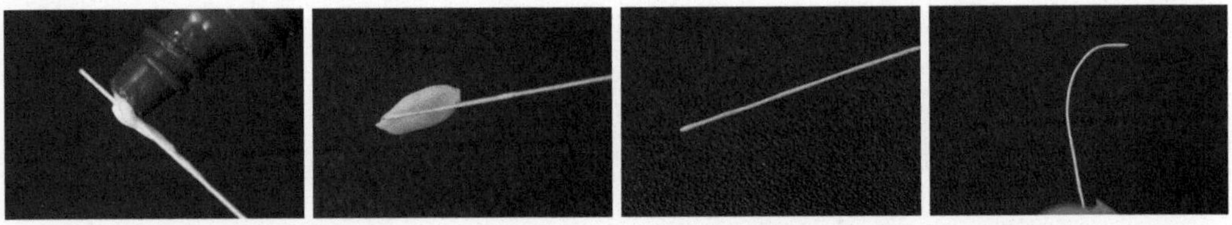

07 用白乳胶包裹纸包铁丝。用芽绿色的黏土包裹一端，再将黏土均匀地包裹在纸包铁丝上，枝干就做好了。

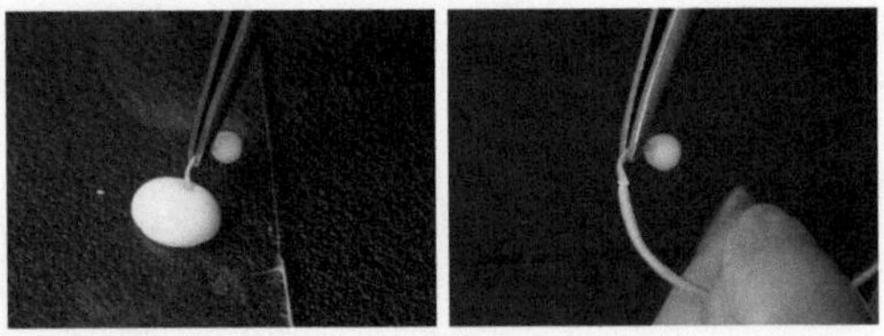

08 用镊子夹住花苞，在花茎底部蘸取白乳胶，将花苞粘贴于枝干最上部。

09 开始粘贴花朵。与前一步操作相同，先在花茎底部蘸取白乳胶，再粘贴到枝干上，注意各花苞、花朵要左右错落。

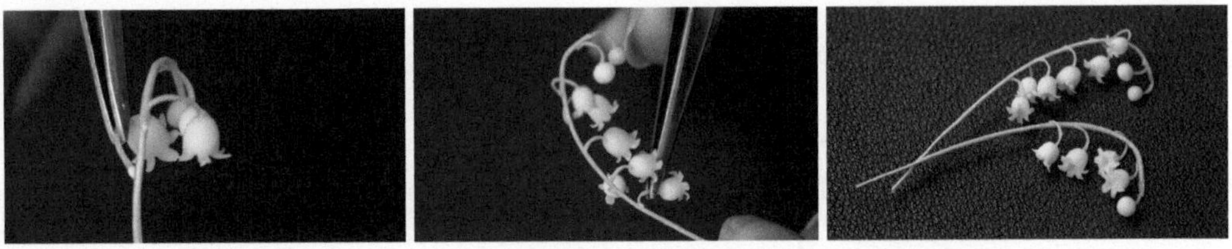

10 依次有序地粘贴剩余的花朵，注意花朵自上而下是由小到大排列的，让枝干上的花朵有序排列。

STEP 03 制作叶片

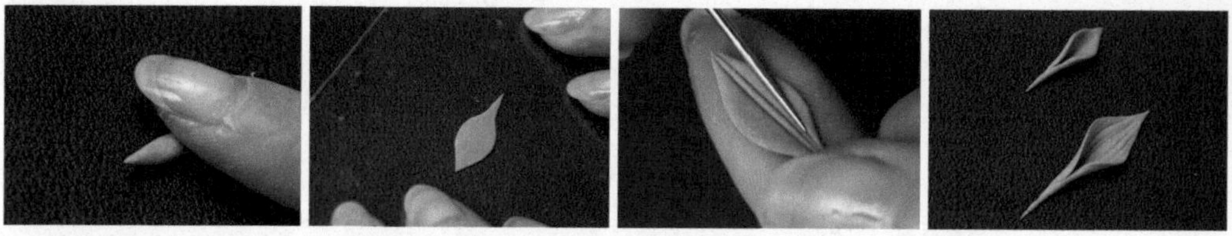

⑪ 先将浅绿色黏土搓成梭形，用亚克力板将其按压成叶片形状；然后将叶片置于左手食指指腹上，用细节针划压竖线纹路；最后将叶片一端裹住。

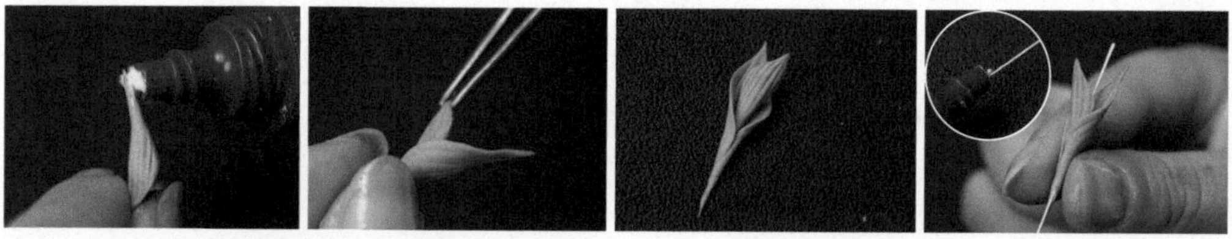

⑫ 在小一点的叶片底部涂上白乳胶，将其插入大一点的叶片中，调整叶片方向；再在纸包铁丝顶端涂上白乳胶，底端从叶片中心穿过，完成叶子新芽的制作。

⑬ 用同样的方法制作几片叶片，并做成叶芽；将做好的枝干与之组合，用白乳胶将它们粘贴，并把相接处用叶片包裹固定。

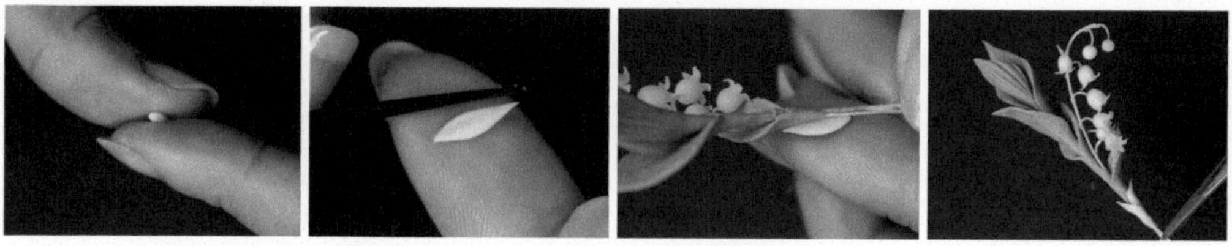

⑭ 取一小块白色黏土搓成梭形，再用开花棒擀开，将其粘贴于植株最底部，做成植株包衣。注意做两片，相合包裹植株底部。

⑮ 取棕红色油彩颜料，用小毛笔蘸取颜料涂于包衣上，完成铃兰的制作。

三叶草

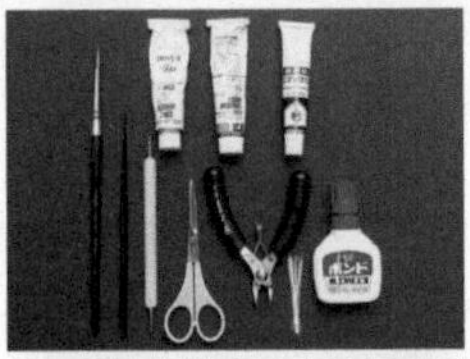

材料与工具

油彩颜料、丙烯颜料、毛笔、开花棒、丸棒、剪刀、剪钳、纸包铁丝、白乳胶

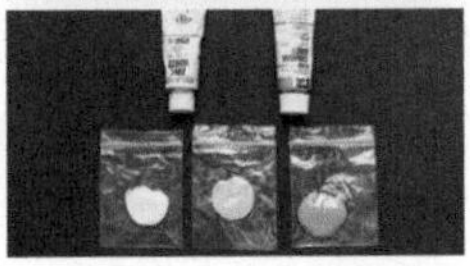

黏土颜色

白色、芽绿色、浅绿色

STEP 01 制作叶片

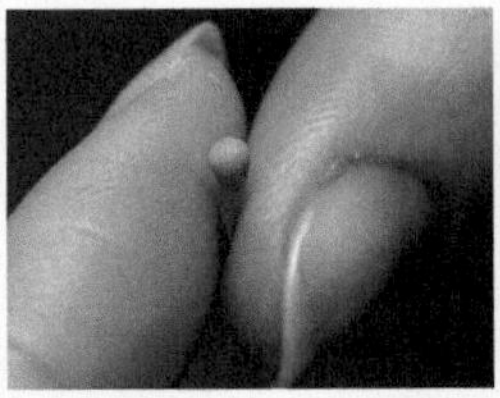

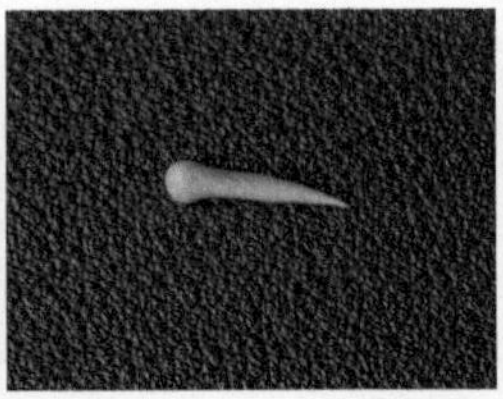

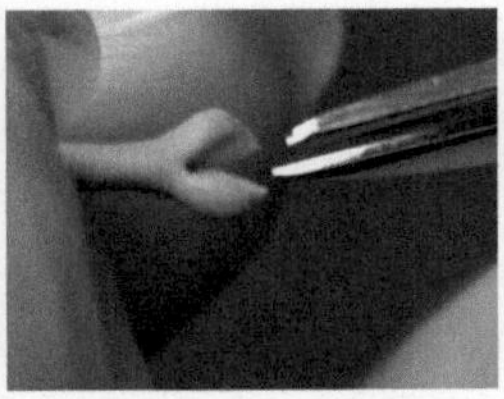

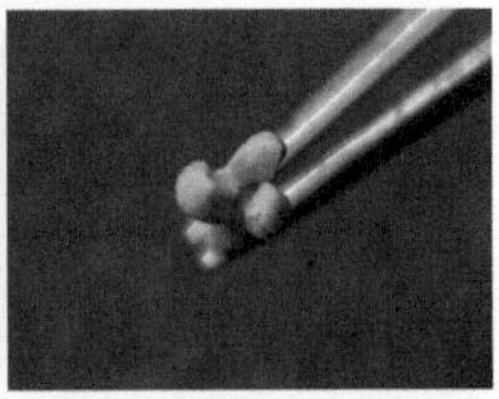

01 取浅绿色黏土，将黏土搓成较长的水滴形，用剪刀把圆头均匀地剪成三份。

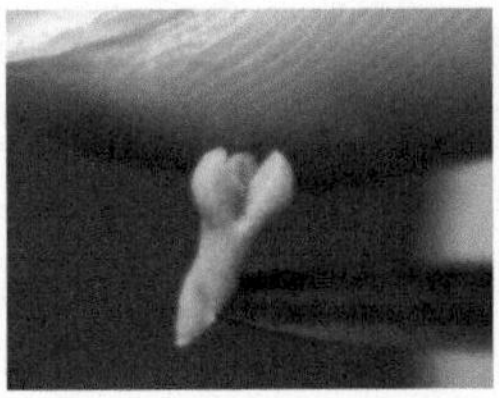

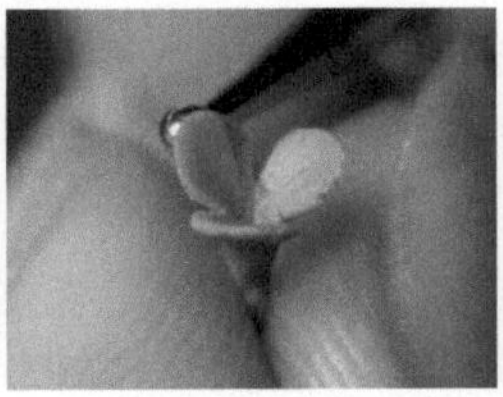

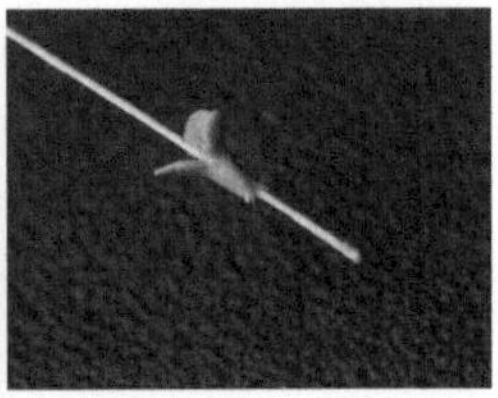

02 用开花棒将剪好的结构擀开，并用丸棒调整形状；取一根纸包铁丝，在顶端涂上白乳胶，自上而下插入叶片。

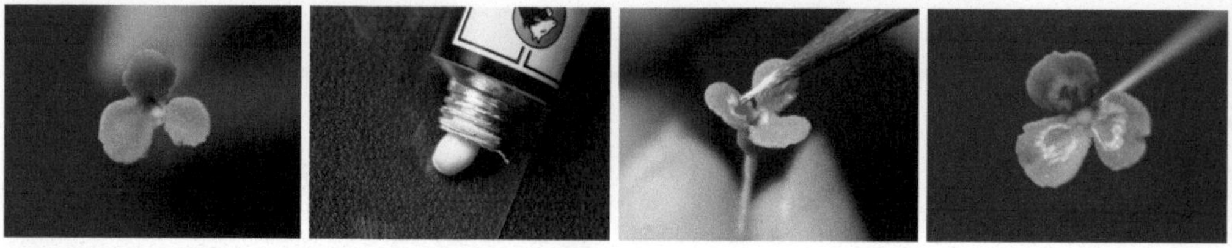

03 用毛笔蘸取白色颜料，在叶片中心画出三叶草的叶片纹理。

STEP 02 制作花朵

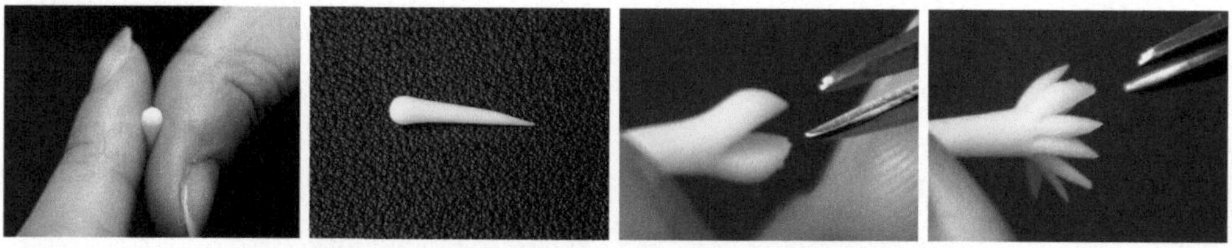

04 取一小块白色黏土，将白色黏土搓成较长的水滴形，并用剪刀把圆头剪成12份左右。

05 用丸棒调整花瓣形状，使花瓣微微向上卷翘。

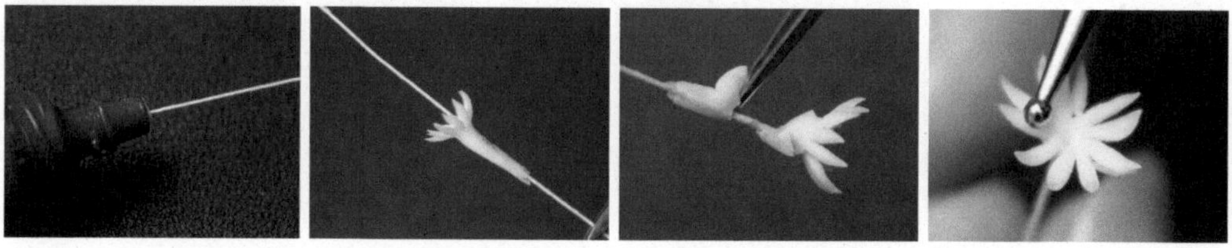

06 在纸包铁丝顶端涂上白乳胶，自上而下插入花朵中心，剪去花朵底部多余的黏土，用丸棒再稍微调整一下花朵形状。

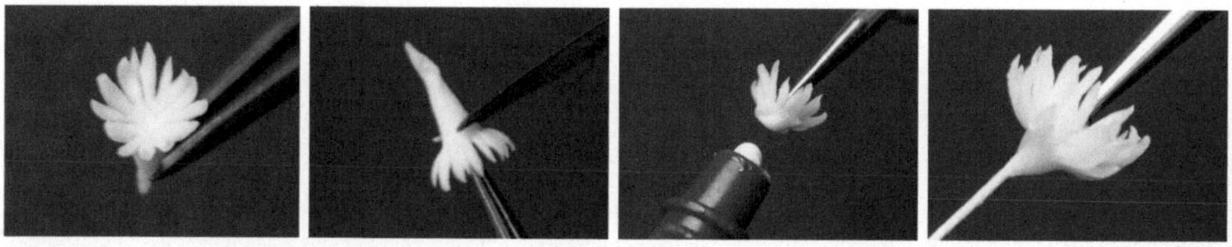

07 用相同的方法做一朵比之前稍微小一点的花朵，花瓣在10片左右。剪去花朵底端多余的黏土，涂上白乳胶，用丸棒将其粘贴于第一朵花里层。

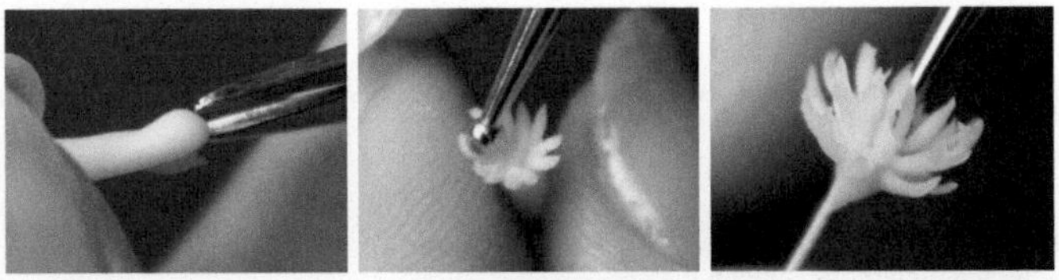

⑧ 继续制作一朵比刚才更小的花，将其粘贴于第二朵花里层。

⑨ 取芽绿色的黏土，搓成水滴形，用剪刀将圆头剪成8份，剪掉底端多余的黏土形成花蕊。

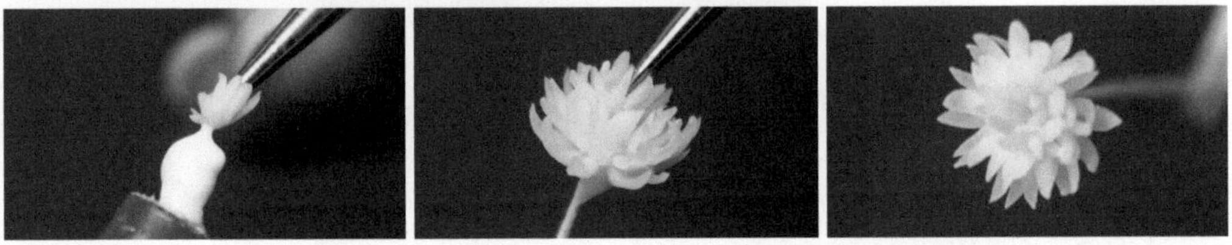

⑩ 用丸棒粘住芽绿色花蕊，在其底部涂上白乳胶，把它粘贴于第二朵花里层，三叶草的花朵就制作完成了。

STEP 03 制作枝干

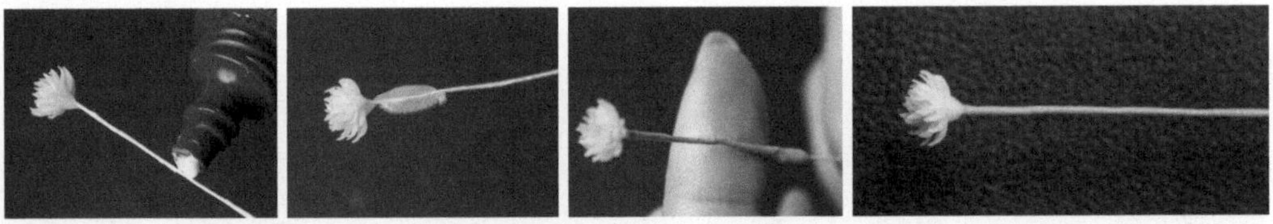

⑪ 在纸包铁丝上均匀地涂抹白乳胶，取浅绿色的黏土均匀地包裹在其上。

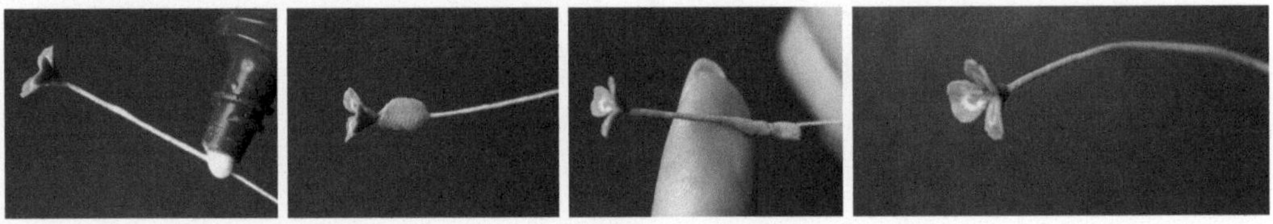

⑫ 用同样的方法为叶片的纸包铁丝均匀地包裹一层浅绿色黏土。

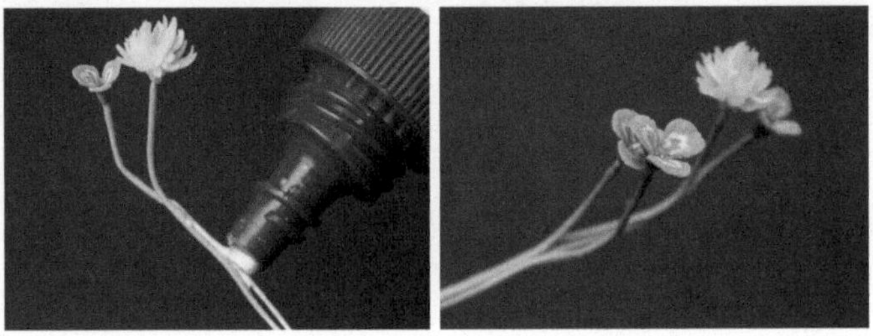

⑬ 将叶片与花朵进行组合，三叶草就制作完成了。

雏菊

◆ 花卉样本

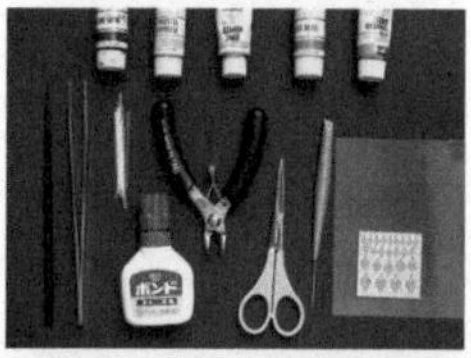

材料与工具

油彩颜料、开花棒、镊子、纸包铁丝、白乳胶、剪钳、剪刀、细节针、亚克力板、叶片模具

黏土颜色

姜黄色、白色、浅绿色

STEP 01 制作花朵

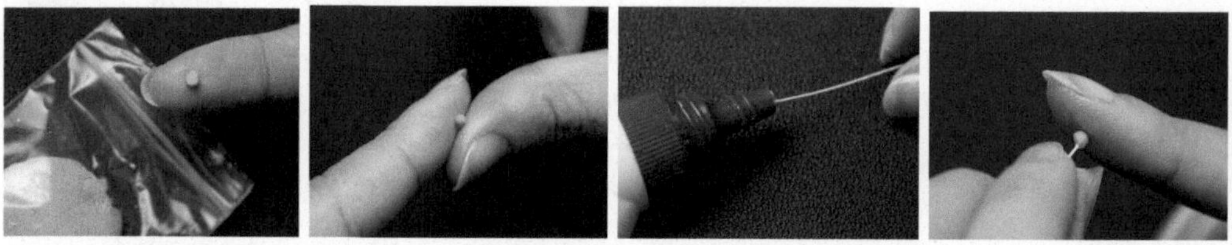

⓫ 取一小块姜黄色的黏土，将它揉成球形；取纸包铁丝并在其顶端涂白乳胶，将其插入黏土中，再把黏土顶部压平。

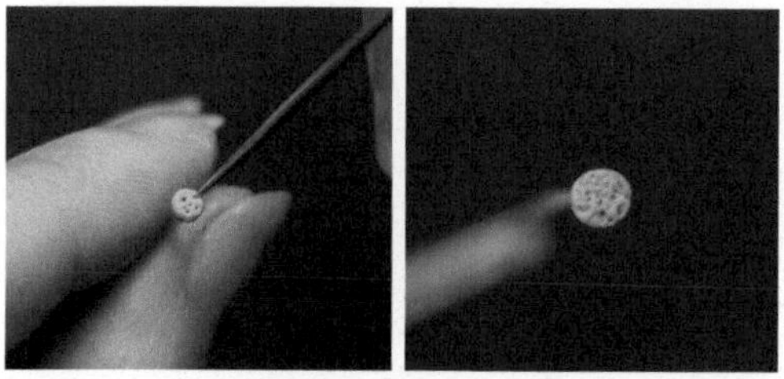

⓬ 用细节针在姜黄色黏土顶部扎出小孔，一枚花蕊就做好了。

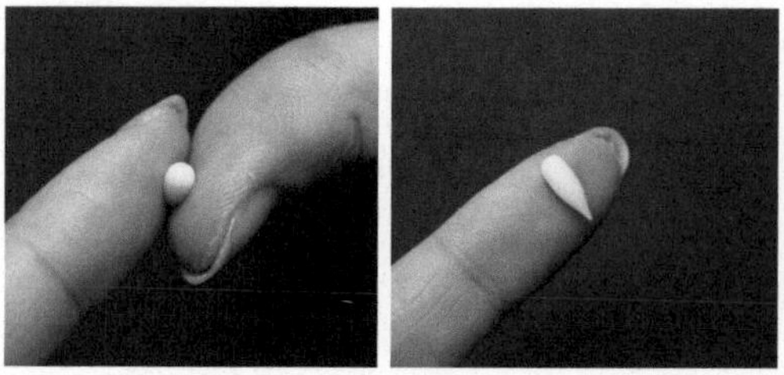

⓭ 取一小块白色的黏土，搓成水滴形。

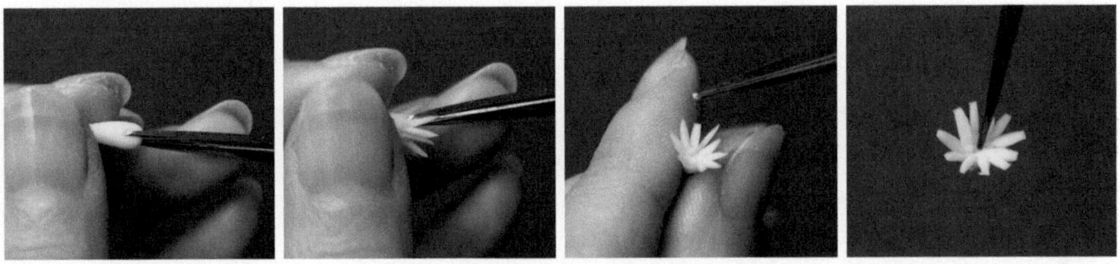

04 用剪刀把水滴形圆头剪成12份，再剪掉每一份的尖，雏菊的基本形状就出来了。

05 将剪好的雏菊花瓣轻靠在左手食指上，用开花棒擀开花瓣，旋转花朵，把每片花瓣都擀开；用细节针给每片花瓣划压出纹路，再用开花棒将花瓣外翻，调整形状。

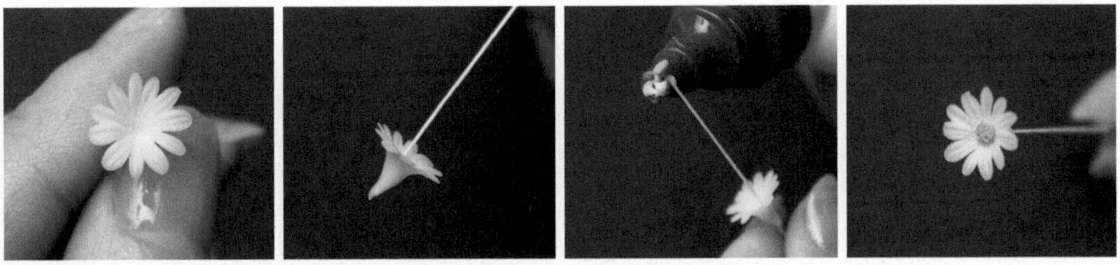

06 取刚才做好的花蕊，由纸包铁丝底部开始插入花朵中心，到顶端时涂上白乳胶粘贴在枝干上。

07 用剪刀剪去花朵底部多余的黏土，再用手指稍微揉搓一下底部，让剪切面表面光滑。

STEP 02 制作花萼

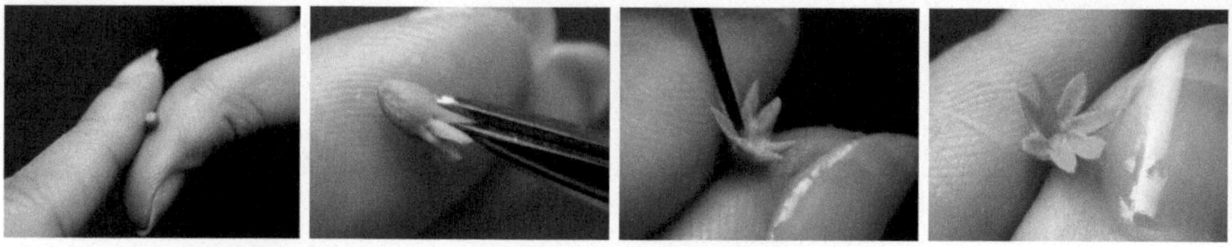

⑧ 将浅绿色的黏土搓成水滴形，用剪刀把细头剪成6份，用开花棒把分叉擀开。

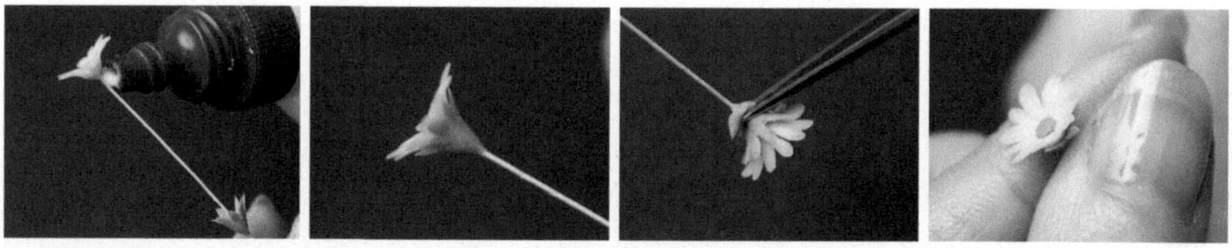

⑨ 取刚才做好的花朵，从花萼中心插入纸包铁丝，在花朵底部涂白乳胶，把花萼推上去粘贴在花朵之下；用剪刀剪去花萼底部多余的黏土，抚平剪切面。

STEP 03 制作枝干

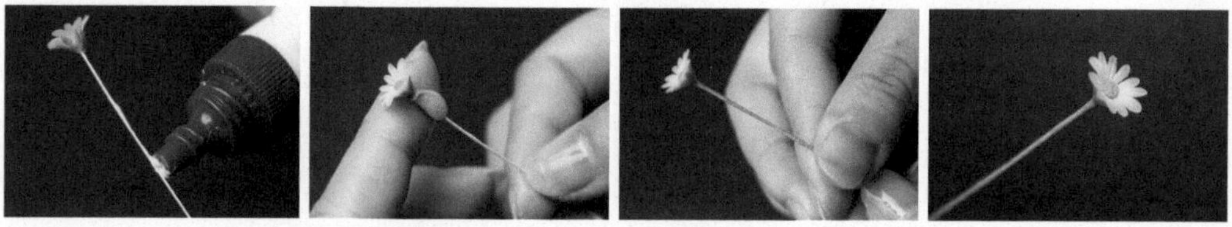

⑩ 在纸包铁丝上涂白乳胶，用浅绿色的黏土均匀地包裹纸包铁丝；注意用手指捏住黏土旋转、搓动，并下推让枝干光滑。

STEP 04 制作叶片

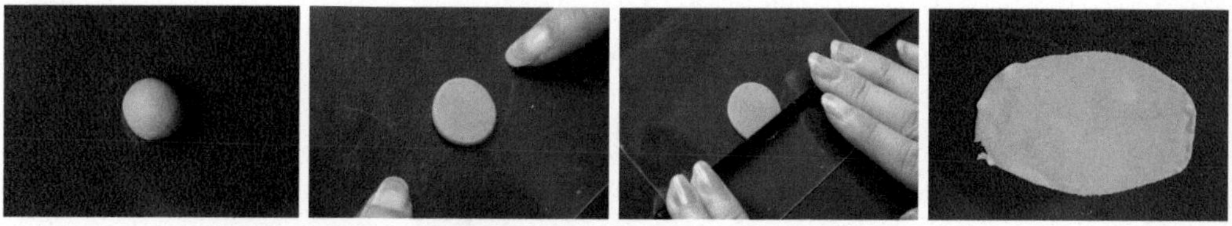

⑪ 将浅绿色的黏土揉成球形，用亚克力板覆盖黏土并将其压扁，再用开花棒擀压成薄片。

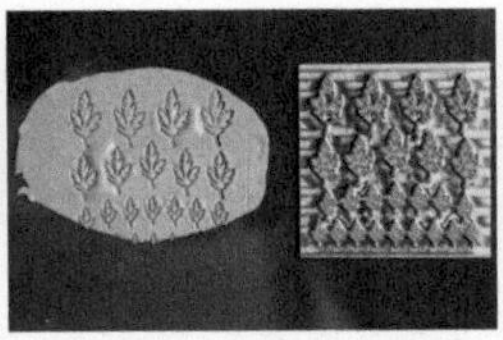
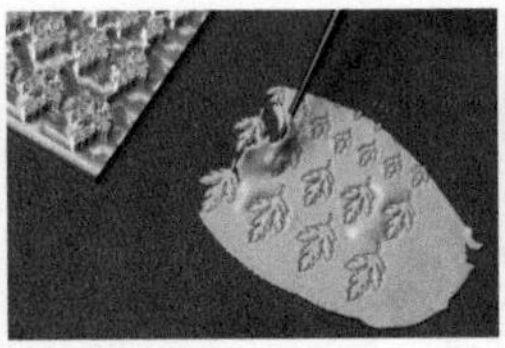

⑫ 用叶片模具压出菊花叶子的外形，再剥离多余的黏土，留下叶片待用。

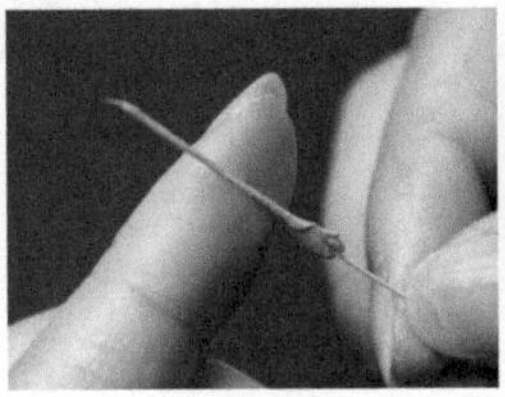
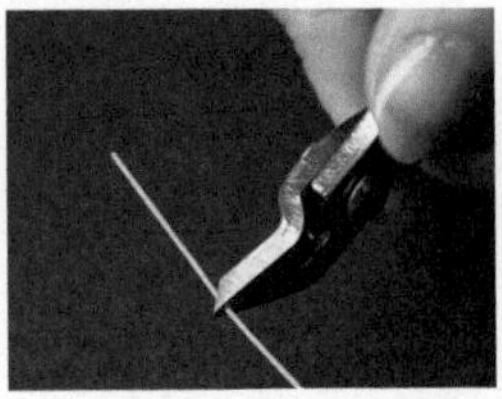
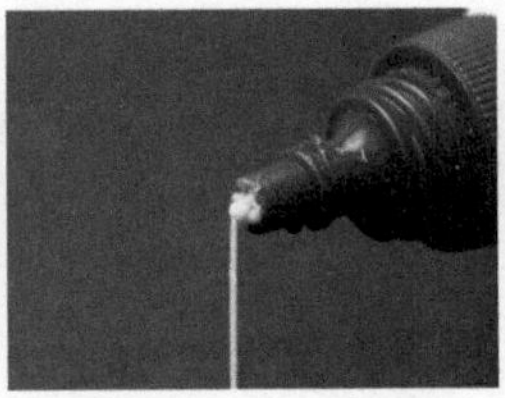

⑬ 取一根纸包铁丝，用浅绿色黏土将其包裹成枝干，用剪钳把枝干剪成合适长度；在枝干顶部涂白乳胶以粘贴叶片。

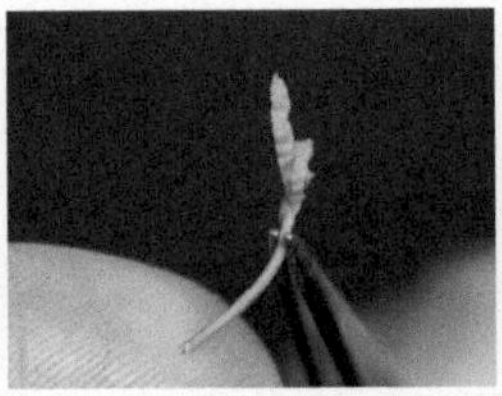

⑭ 叶片粘好后，用镊子调整枝干弯曲的弧度；再用剪钳倾斜剪切枝干，在剪切面上涂白乳胶。

⑮ 将涂好白乳胶的枝干粘贴于主干上。

樱花

◆花卉样本

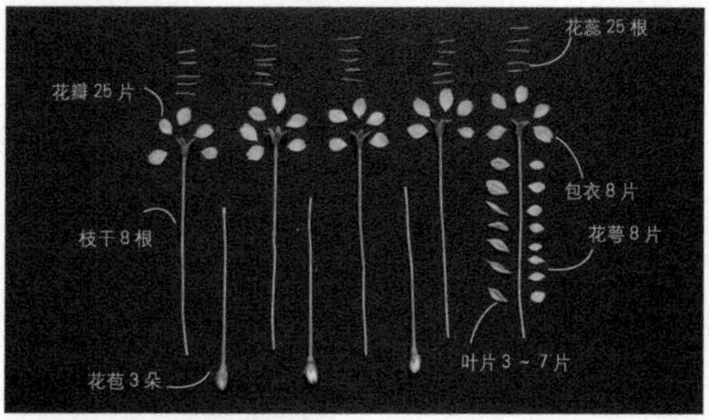

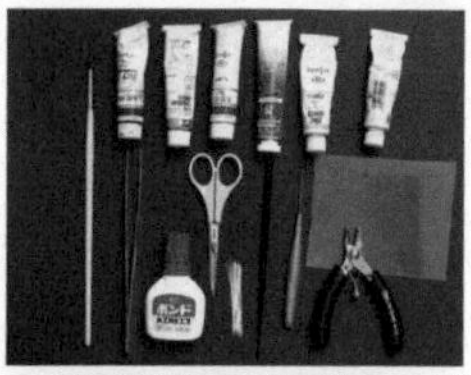

材料与工具

油彩颜料、毛笔、镊子、白乳胶、剪刀、纸包铁丝、开花棒、细节针、剪钳、亚克力板

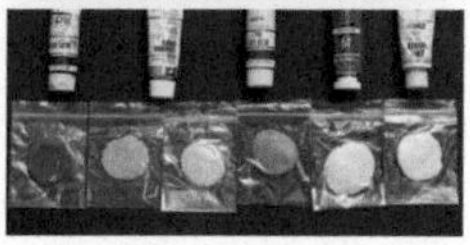

黏土颜色

棕色、浅绿色、芽绿色、皮粉色、薄雾粉色、白色

STEP01 制作花蕊

⓪❶ 将白色的黏土在亚克力板上搓成极细的条状，用剪刀把细条剪成小段备用。

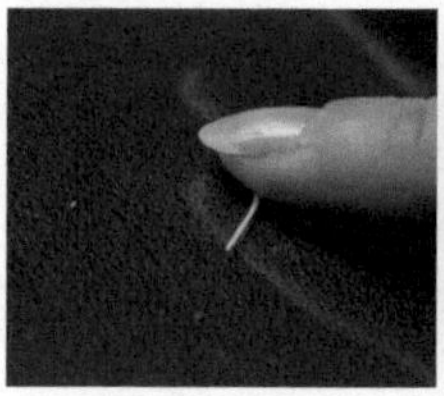

STEP02 制作花萼

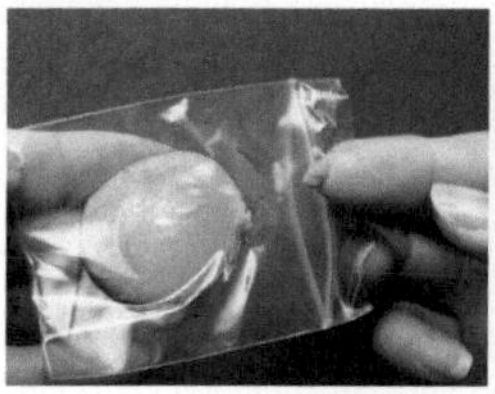

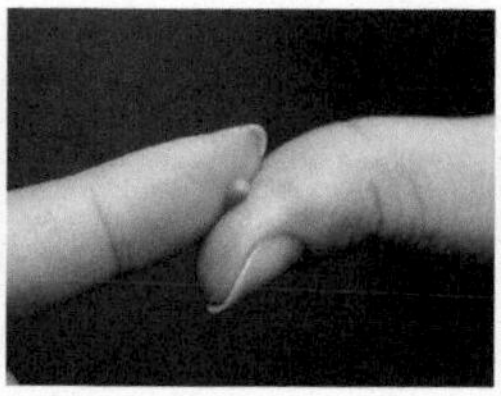

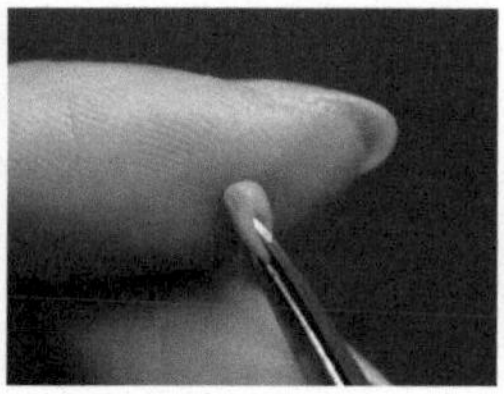

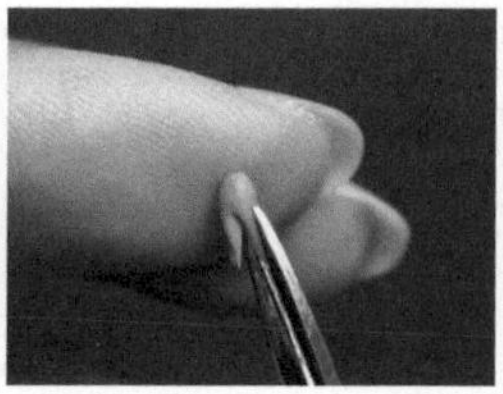

⓪❷ 取一小块皮粉色黏土搓成水滴形，用剪刀把细头剪成5份。

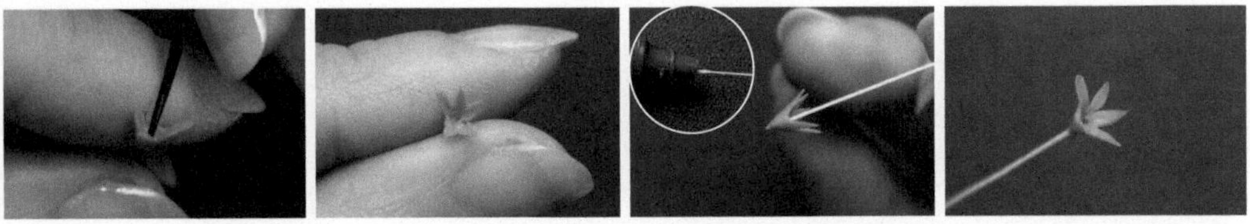

03 将剪好的分叉靠在左手食指上，用开花棒把所有的分叉擀开；在纸包铁丝顶端涂白乳胶，由纸包铁丝底端开始插入擀好的黏土中心，直至纸包铁丝顶端到黏土底部并粘贴好，制成花萼。

STEP 03 制作花瓣

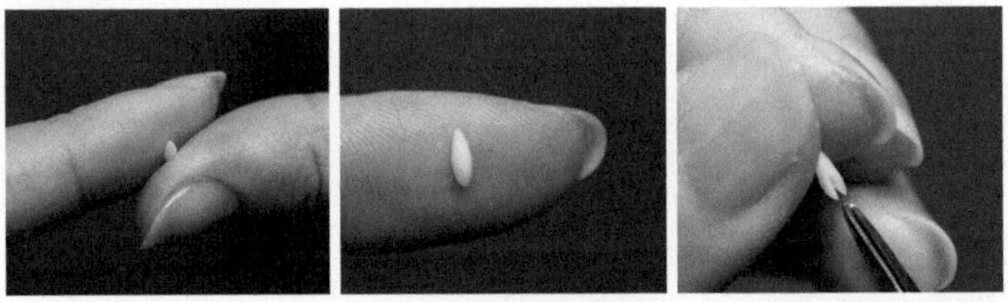

04 取出薄雾粉色黏土，将其搓成梭形，用剪刀把一端剪成两份。

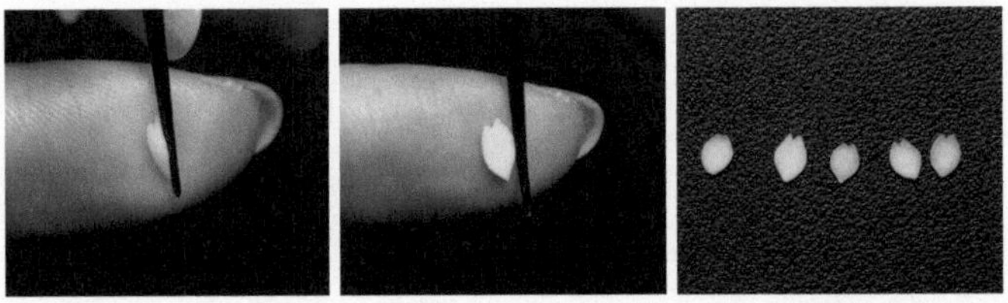

05 用开花棒分别轻压两个花尖，然后轻轻擀开花瓣。制作出5片分叉花瓣。

STEP 04 组合花朵

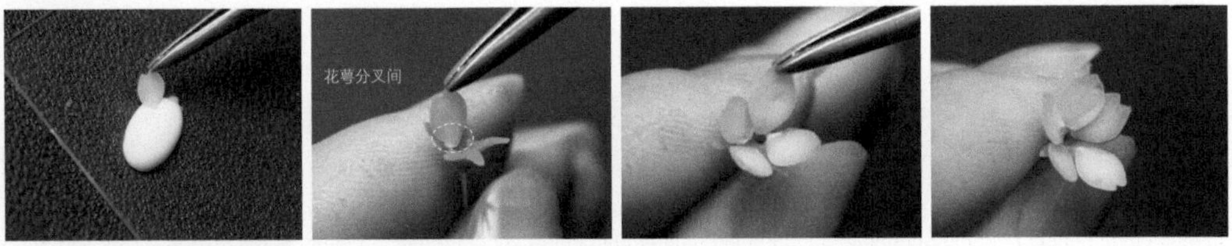

06 用镊子夹住花瓣分叉的一端，在花瓣底部涂白乳胶，将其粘贴于两片花萼之间，错落粘贴。

07 将做好的花蕊，一根一根地涂上白乳胶并粘贴于花心。大概粘贴8根，用剪刀剪去多余的部分。

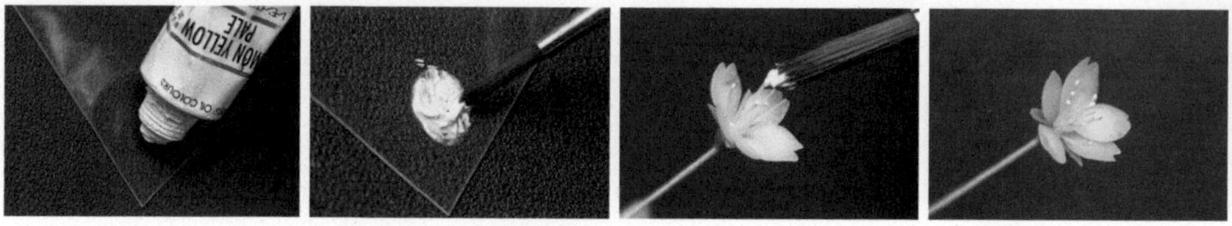

08 取出柠檬黄油彩颜料，用小毛笔蘸颜料涂于花蕊顶端。

STEP 05 制作花苞

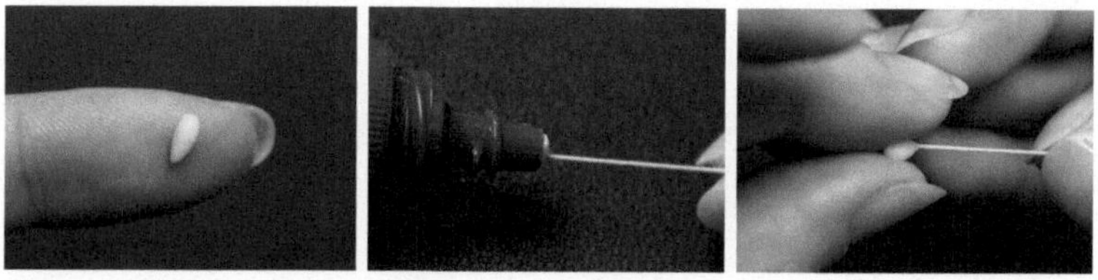

09 取一小块薄雾粉色黏土搓成水滴形，取一段纸包铁丝，在顶端涂白乳胶，从水滴形尖头端插入。

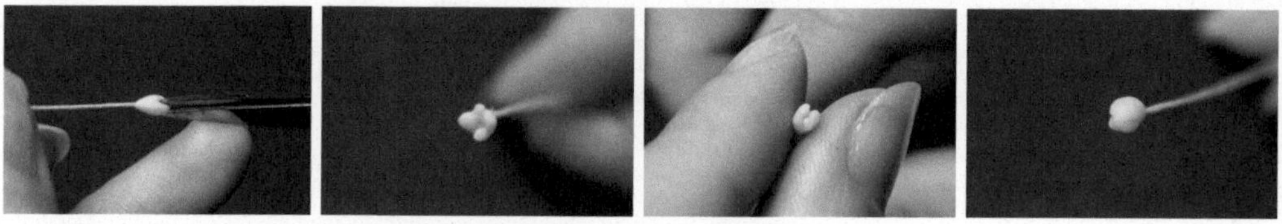

10 用剪刀把水滴形圆头剪成5份，用手轻轻将花苞合拢，保留剪切痕迹。

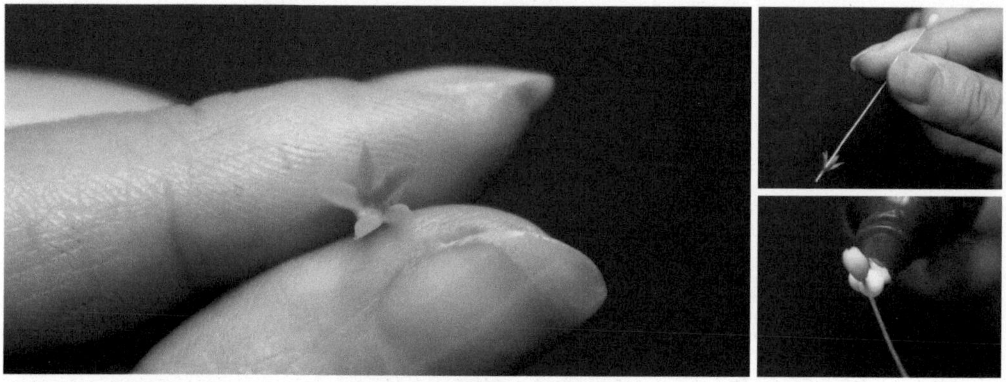

11 取制作好的花萼，将其插入花苞底端，并用白乳胶固定。

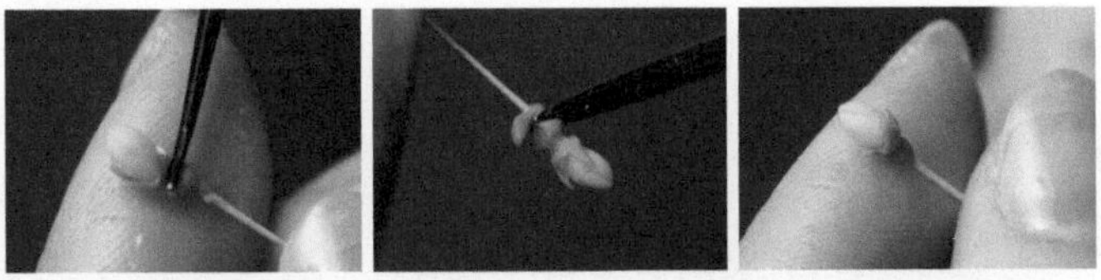

⑫ 粘贴好花萼后，用开花棒在其底部上压一圈，压出花托痕迹，剪去花托底部多余的黏土，用手指旋转抚平剪切面。

⑬ 在纸包铁丝上均匀地涂白乳胶，取皮粉色的黏土包裹纸包铁丝。用相同的方法把花朵和花苞都制作好。

STEP 06 制作枝叶

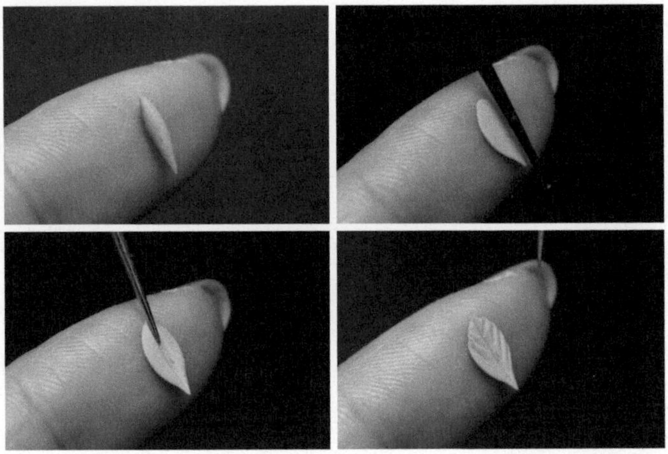

⑭ 取一小块浅绿色黏土，将它搓成梭形；用开花棒擀开，再用细节针划压出叶脉纹路。

⑮ 把叶片对折，让有纹路的一面朝外，用镊子夹出叶片的尖；取一段纸包铁丝，在顶端涂上白乳胶，再与叶片黏合。

⑯ 用同样的方法再做两片叶子，用白乳胶将其粘贴于之前的叶片旁边，做出叶芽；取一小块芽绿色的黏土包裹纸包铁丝。

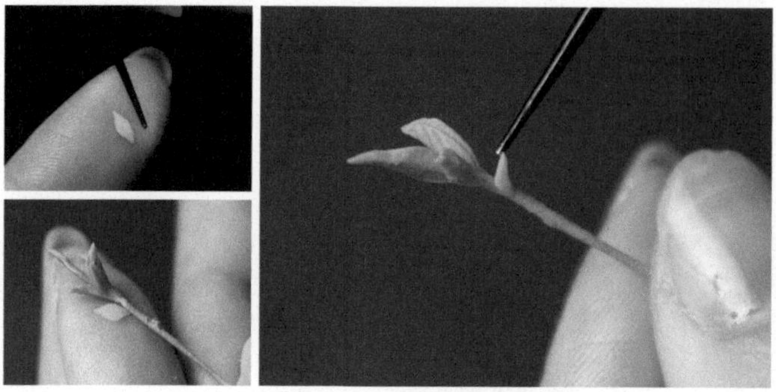

⑰ 取一小块芽绿色的黏土，擀成小小的包衣粘贴于叶芽底端。

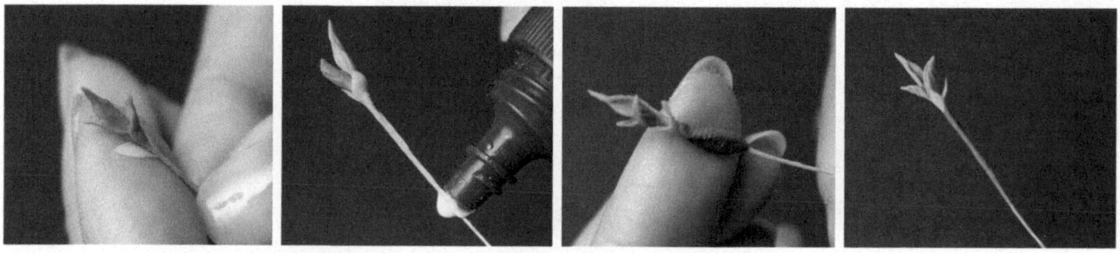

⑱ 左右各包裹一片包衣，在纸包铁丝上涂白乳胶，再用棕色的黏土将其包裹。

STEP 07 组合花枝

⑲ 将花苞与花枝组合在一起，用白乳胶粘贴，取棕色的黏土包裹主干。

⑳ 用芽绿色的黏土制作梭形叶片，将其粘贴在主干的顶端形成包衣；调整其弧度，完成一枝花枝，用同样的方式再制作两枝。

㉑ 再将小组的花枝组合粘贴，加入叶片枝丫，用白乳胶固定并用棕色黏土包裹枝干。

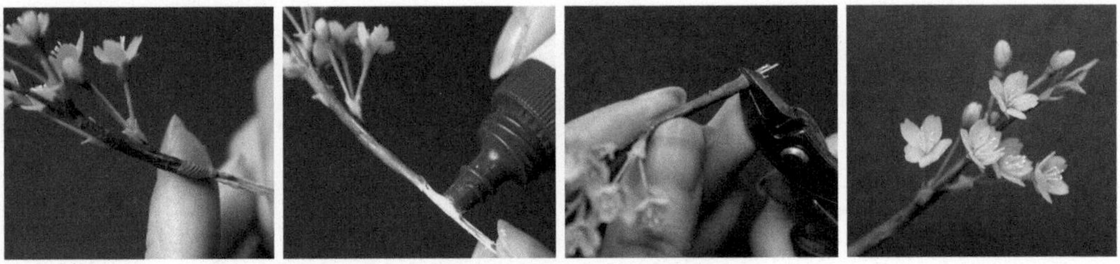

㉒ 继续向下添加一枝花枝，同样用棕色黏土包裹主干，再剪去多余的纸包铁丝。

草莓

◆花卉样本

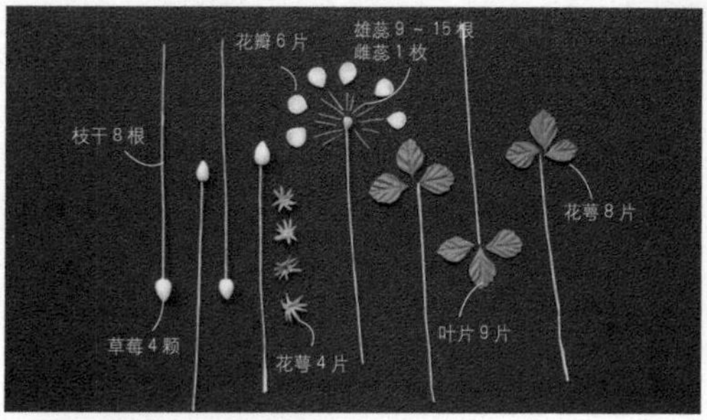

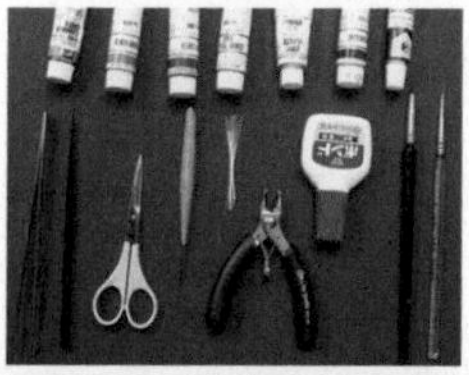

材料与工具

油彩颜料、丙烯颜料、镊子、开花棒、剪刀、细节针、纸包铁丝、剪钳、白乳胶、毛笔

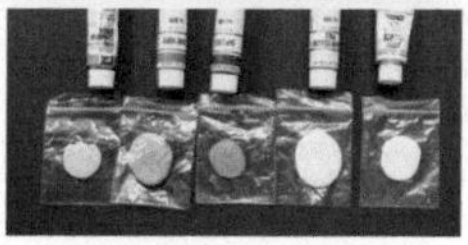

黏土颜色

芽绿色、浅绿色、深绿色、鹅黄色、白色

STEP 01 制作草莓

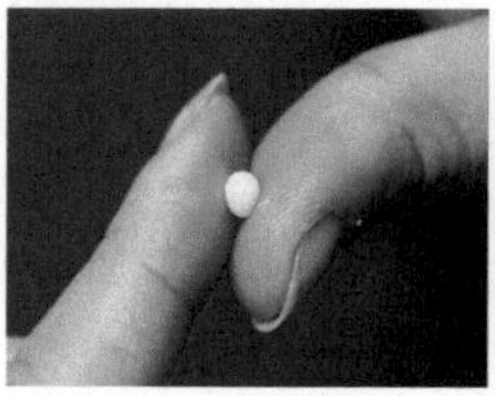

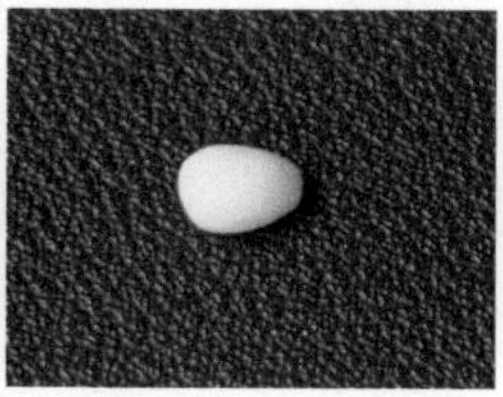

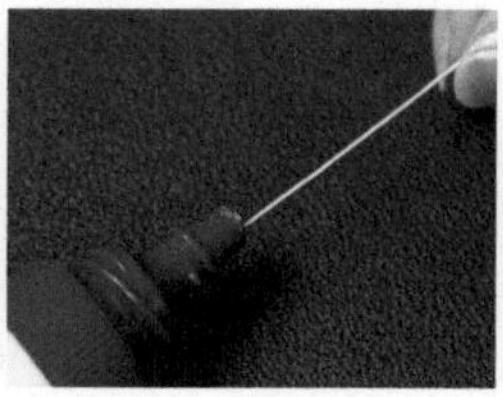

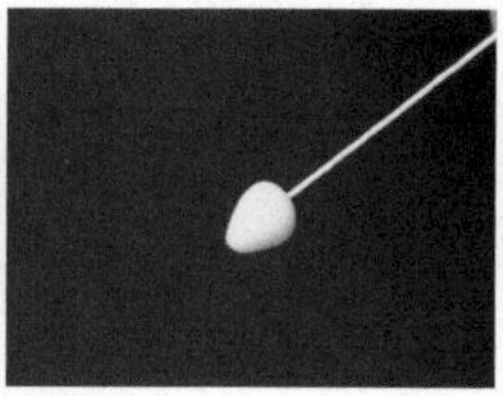

⓵ 取一小块鹅黄色黏土，搓成扁水滴形；取一根纸包铁丝，在顶端涂上白乳胶并插入水滴形圆头。

⓶ 用细节针在黏土上由上到下不规则地戳出小坑，草莓的基础形状就做好了。

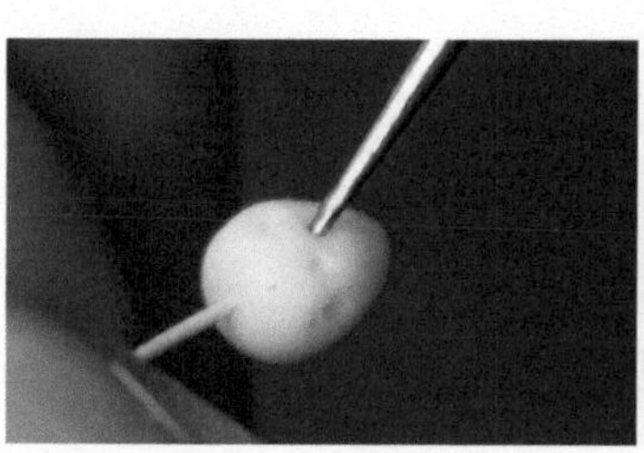

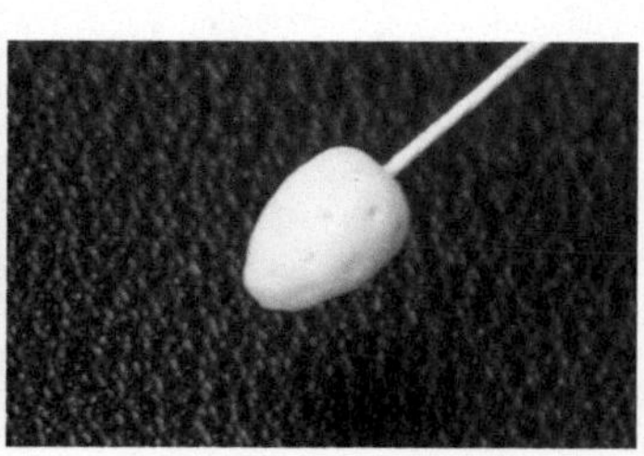

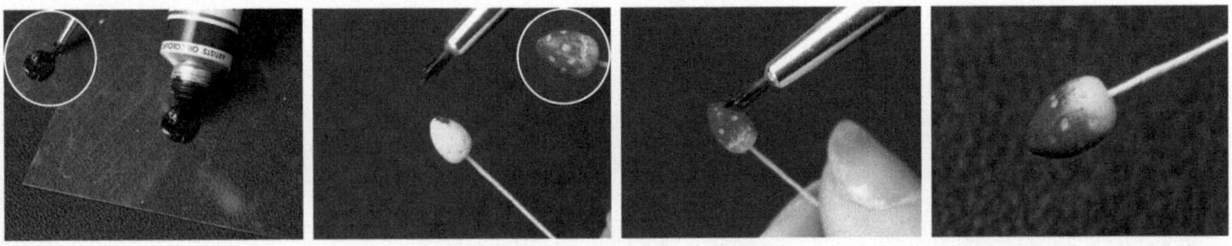

03 取出浆果红色油彩颜料，用毛笔蘸取颜料由草莓尖头开始涂色，到圆头颜色逐渐变浅，留出底部黏土的鹅黄色。

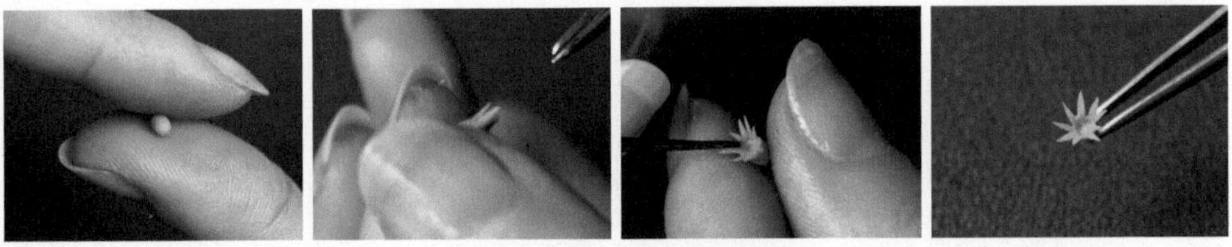

04 取一小块浅绿色的黏土搓成水滴形，用剪刀把水滴形尖头分出9份，再用开花棒逐一擀开分叉，做成花萼。

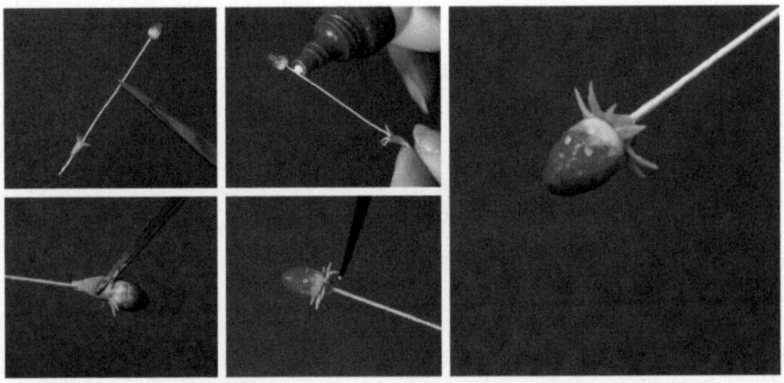

05 在草莓底部涂上白乳胶并粘贴花萼，剪去多余的黏土，再用手指抚平剪切面，调整花萼形态，使其向上弯曲。

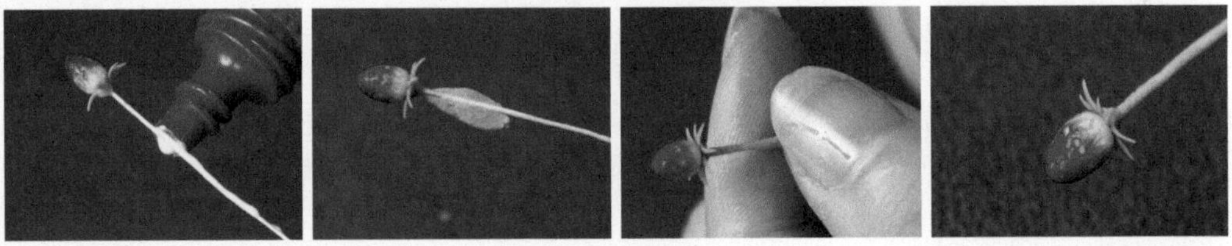

06 在纸包铁丝上均匀地涂上白乳胶，用浅绿色的黏土从花萼处开始包裹纸包铁丝，用手指向下搓动黏土并旋转，使黏土均匀包裹纸包铁丝。

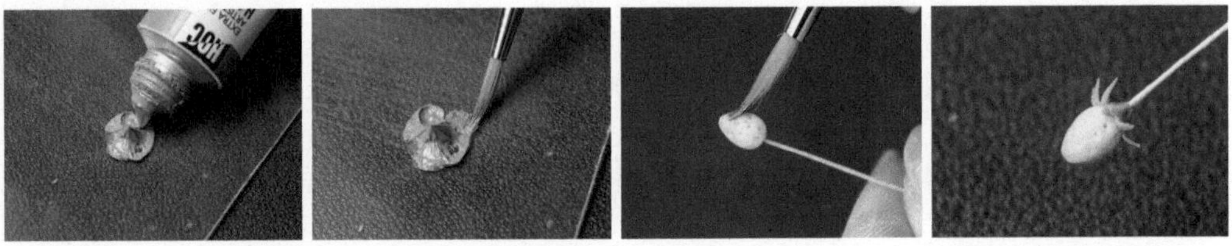

07 用同样的方法做出草莓基本形态，取出浅绿色油彩颜料，从草莓尖头开始涂色，加上花萼制作成未成熟的草莓。

STEP 02 制作枝叶

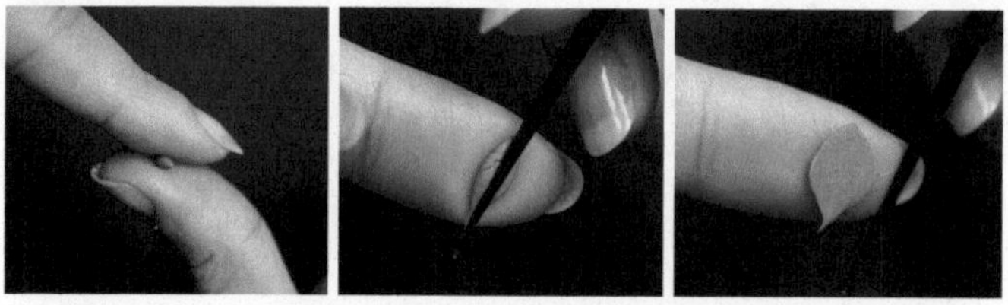

08 取一小块深绿色黏土，搓成水滴形，用开花棒擀开。

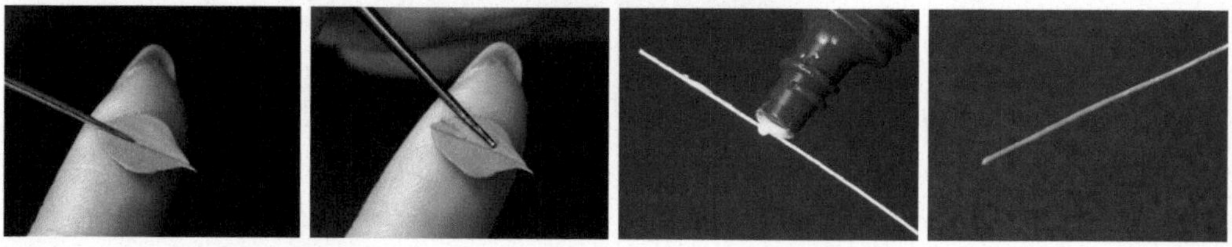

09 用细节针稍微划压出主叶脉纹路，用开花棒按压出叶片两侧纹路；取一段纸包铁丝均匀地涂抹白乳胶，再均匀包裹深绿色黏土。

10 在裹了黏土的纸包铁丝一端涂上白乳胶，与叶片粘贴在一起，用手指向内捏一下叶片以固定。

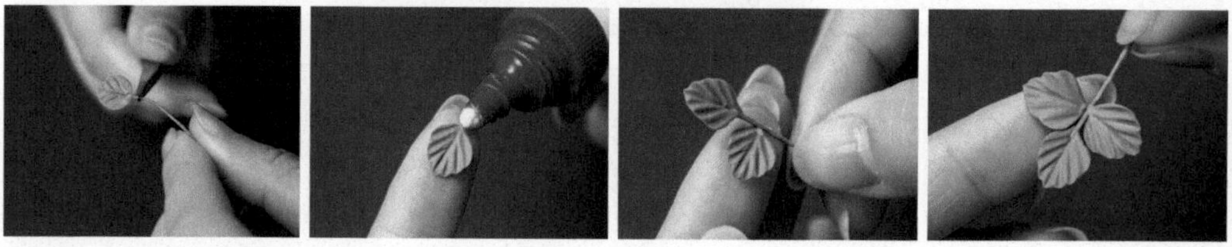

11 用镊子把枝干弯曲。再用同样的方法制作两片叶片，分别粘贴于第一片叶片下方的左右两侧。

STEP 03 制作草莓花

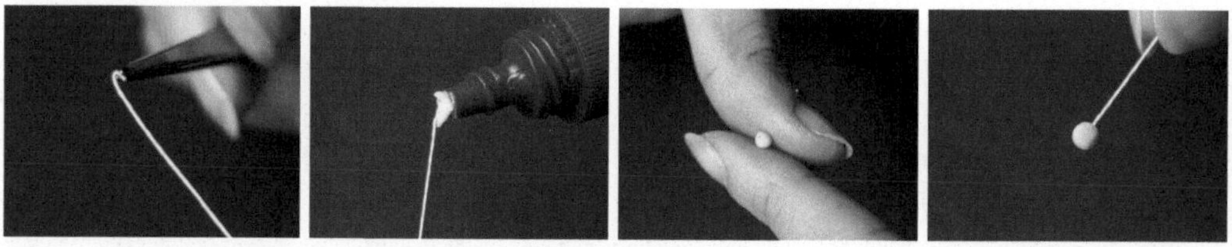

12 取一段纸包铁丝，用镊子夹住顶端弯折成钩；涂上适量的白乳胶；再取一小块鹅黄色黏土搓成球形，将纸包铁丝有钩的一端插入纸包铁丝。

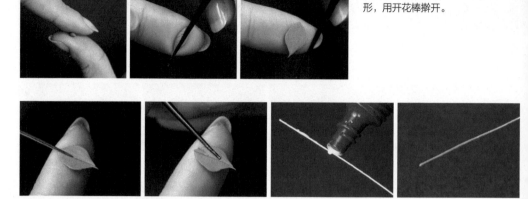

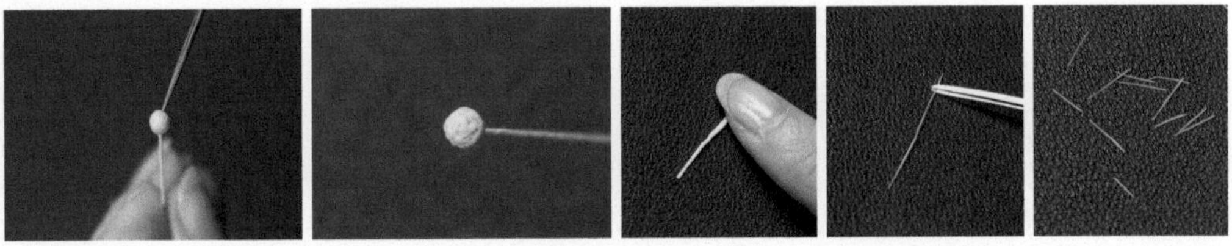

⑬ 用细节针在黏土上戳出若干个小孔。将白色黏土搓成极细的条状，用剪刀将白色细条剪成段作花蕊。

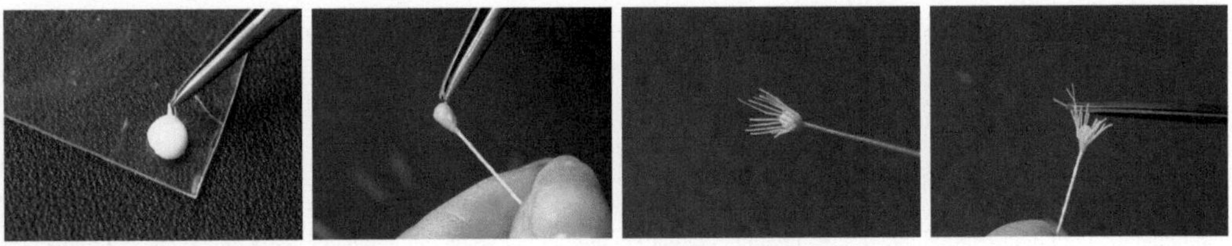

⑭ 将搓好的花蕊沾白乳胶均匀地粘贴在球形黏土上，再用剪刀修剪掉多余的花蕊部分。

⑮ 取白色黏土搓成水滴形，再用开花棒将其擀成花瓣。

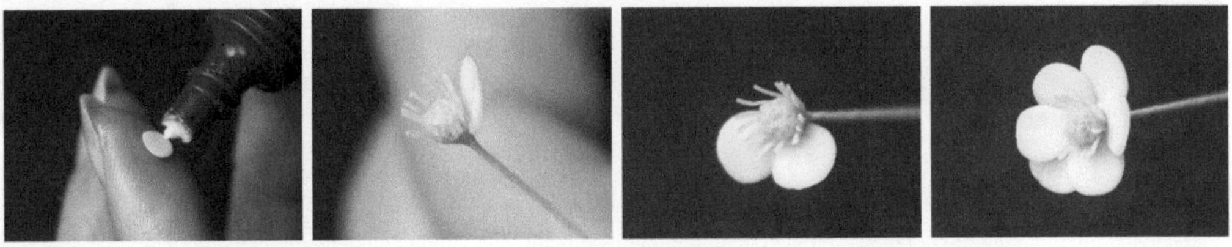

⑯ 在花瓣尖头涂上白乳胶，粘贴于花蕊底部。用相同的方法做出其他花瓣并粘贴于花蕊底部周围。

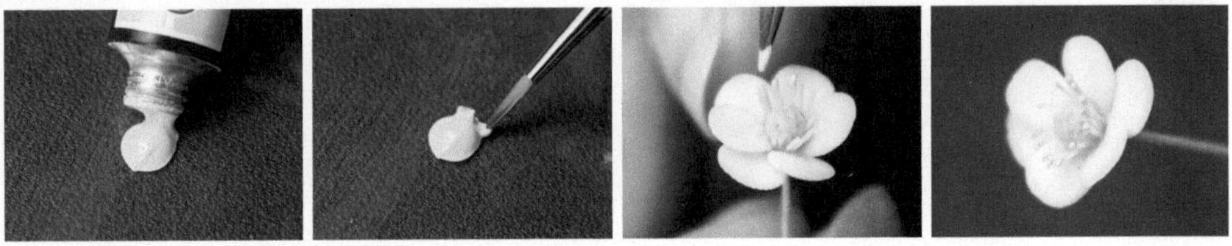

⑰ 取黄色丙烯颜料，用毛笔蘸取颜料涂于花蕊顶端。

⑱ 用浅绿色黏土按步骤04制作花萼，用白乳胶将其粘贴于花朵底端。

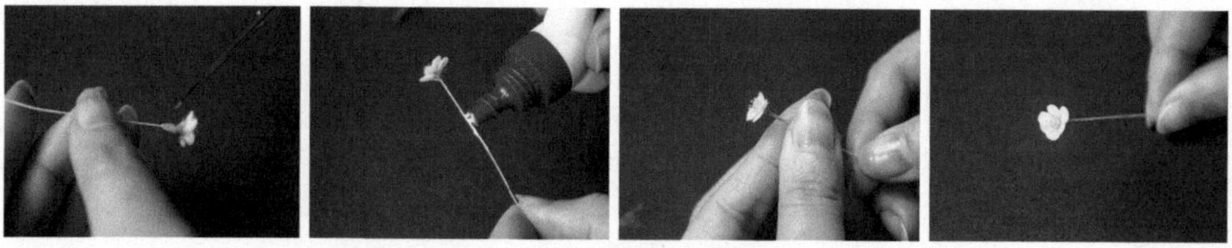

⑲ 剪去花萼多余的黏土，在纸包铁丝上涂白乳胶，取浅绿色黏土均匀包裹，草莓花制作完成。

STEP 04 组合草莓植株

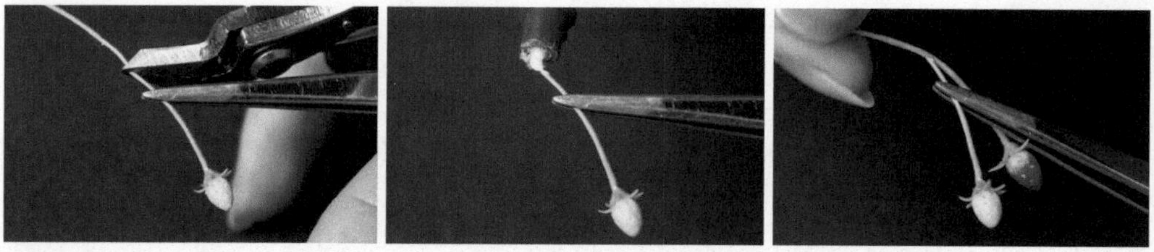

⑳ 用镊子夹住未成熟的草莓，用剪钳倾斜剪掉草莓枝干，在剪切面上涂白乳胶并将其粘贴于成熟草莓的枝干上。

㉑ 调整叶片的枝干方向，将花、果、叶组合在一起。

第四章

生活中常见的高颜值花卉制作

向日葵

◆花卉样本

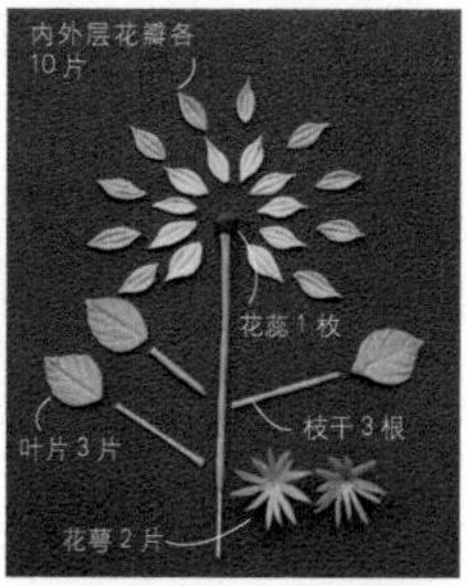

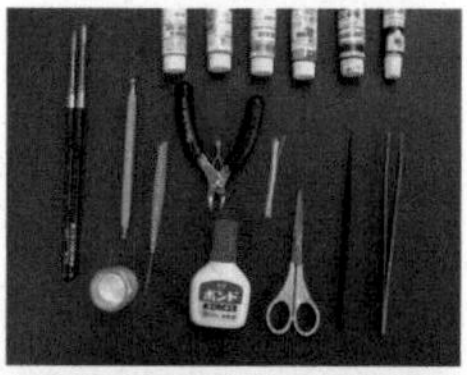

材料与工具

油彩颜料、丙烯颜料、镊子、开花棒、剪刀、剪钳、纸包铁丝、丸棒、细节针、白乳胶、毛绒粉、毛笔

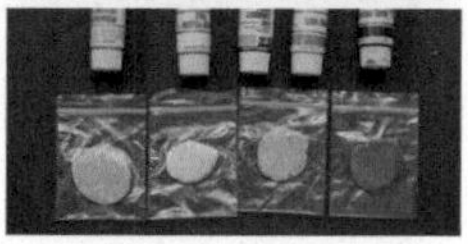

黏土颜色

姜黄色、藤黄色、浅绿色、棕色

STEP 01 制作花蕊

⓫ 取出一小块棕色的黏土，将纸包铁丝一端弯曲形成钩，在钩上涂上白乳胶插入黏土中。

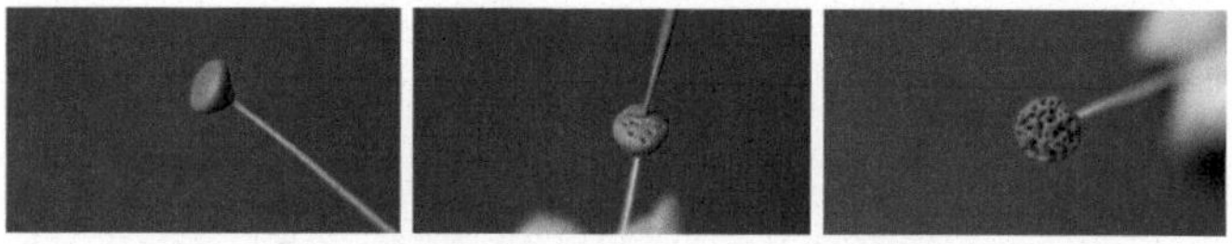

⓬ 将黏土的顶端抚平，用细节针戳出小孔，花蕊的基础形状就做好了。

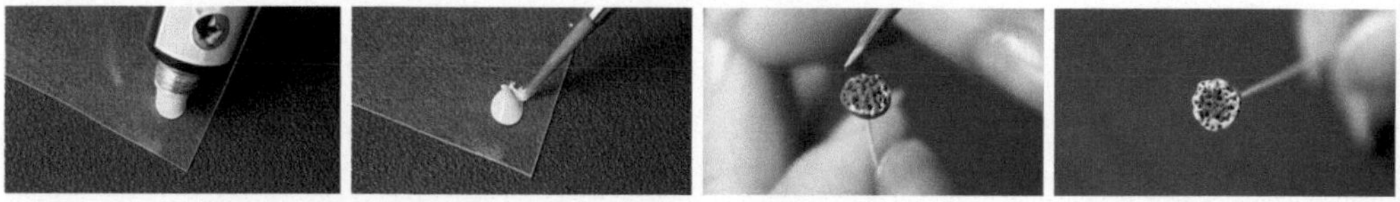

⓭ 取出黄色的丙烯颜料，用大毛笔蘸取颜料涂在花蕊的外面，花蕊就制作完成了。

STEP 02 制作花瓣

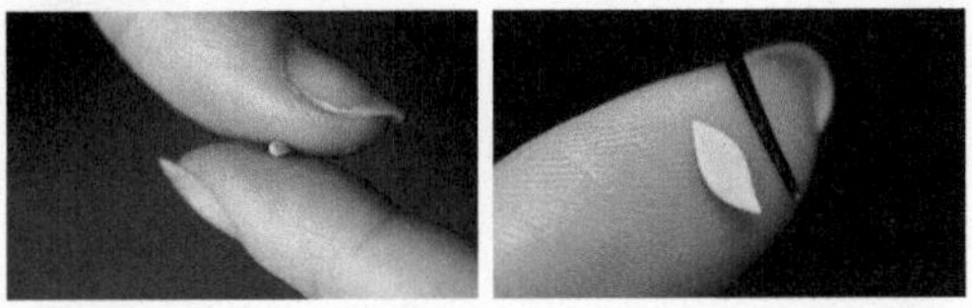

04 取一小块藤黄色的黏土，搓成梭形，用开花棒将其擀开。

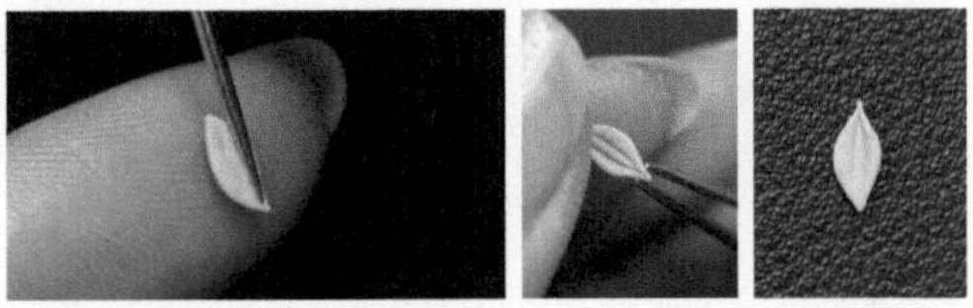

05 用细节针在花瓣上划压出2至3条纹路，再用镊子轻夹出花瓣尖端。

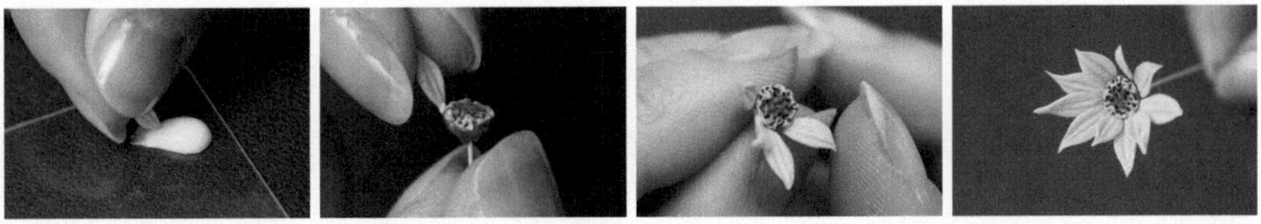

06 在花瓣根部涂上白乳胶，将花瓣均匀地粘贴在花蕊周围。

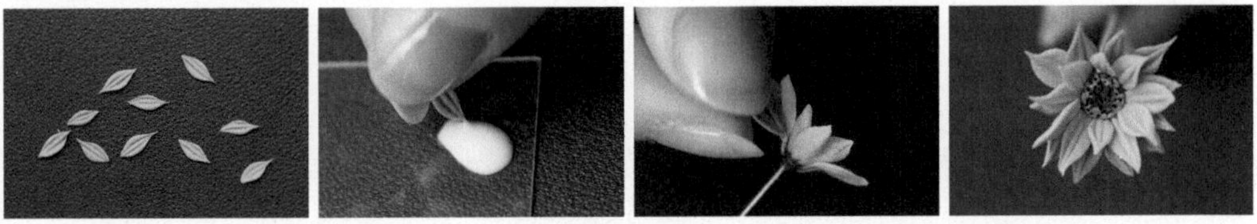

07 用姜黄色的黏土，按照步骤04和步骤05的方法做出同样的花瓣，在第一层花瓣的间隙处粘贴第二层花瓣。

STEP 03 制作花萼

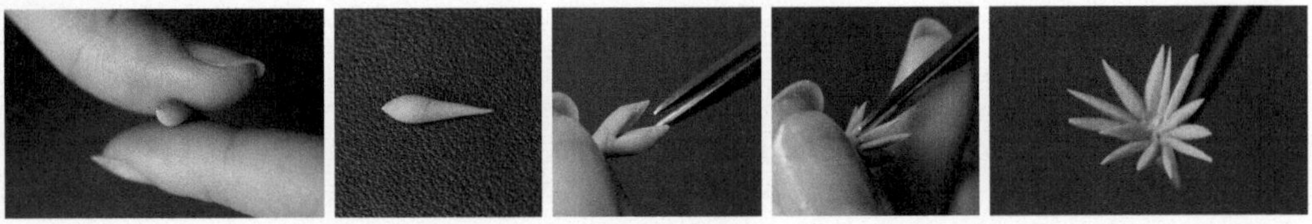

08 取浅绿色的黏土搓成一头粗短、一头细长的梭形，用剪刀把粗短的一头剪成12份左右。

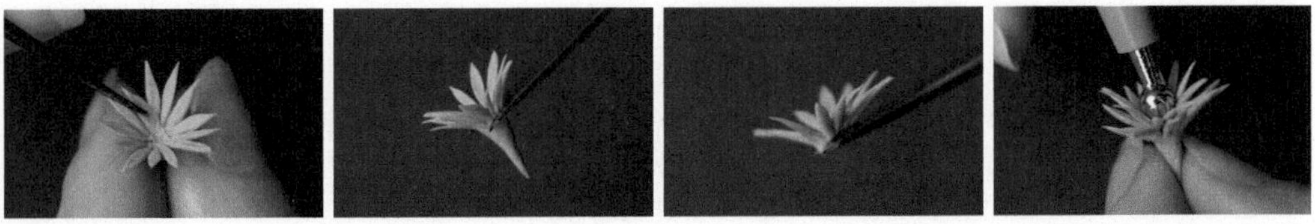

09 用开花棒把分叉依次擀开制作成花萼，用同样的方法再制作一片花萼，剪去其底部多余的黏土，按压粘贴于第一片花萼上。

⑩ 在花朵底部涂白乳胶，把花萼穿过花枝粘贴到花朵底部，剪去多余的黏土；将剪切口搓光滑，再将萼片向外翻。

STEP 04 制作枝叶

⑪ 在纸包铁丝上涂白乳胶，用浅绿色黏土包裹纸包铁丝，用手指搓动一下，使其包裹均匀。

⑫ 用细节针划压出枝干的纹路，用水稀释白乳胶，用毛笔将白乳胶薄涂于枝干与花萼上。

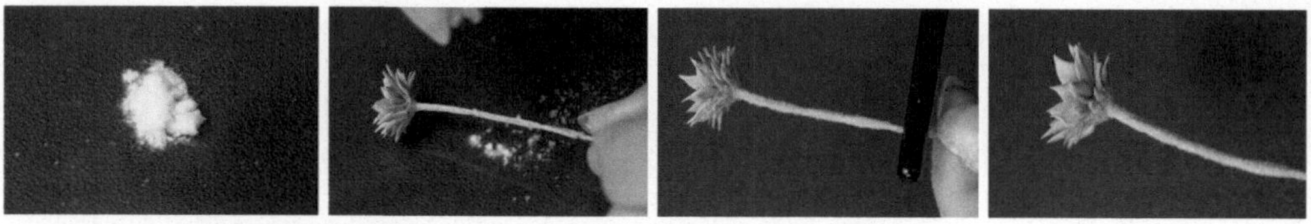

⑬ 取出毛绒粉，趁枝干和花萼上的白乳胶湿润时，把毛绒粉撒在其上。

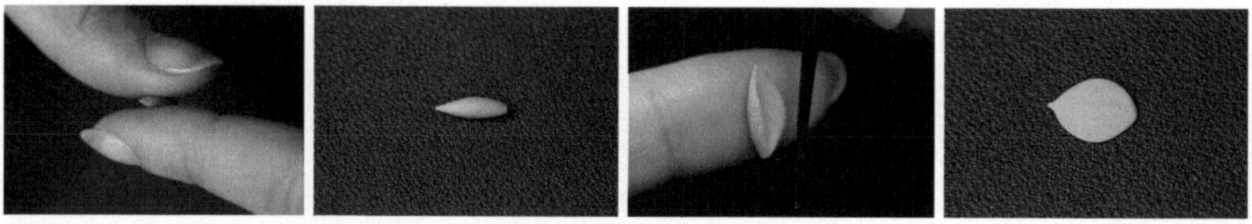

⑭ 取一小块浅绿色黏土，将黏土搓成梭形；用开花棒将其擀开成梭形叶片。

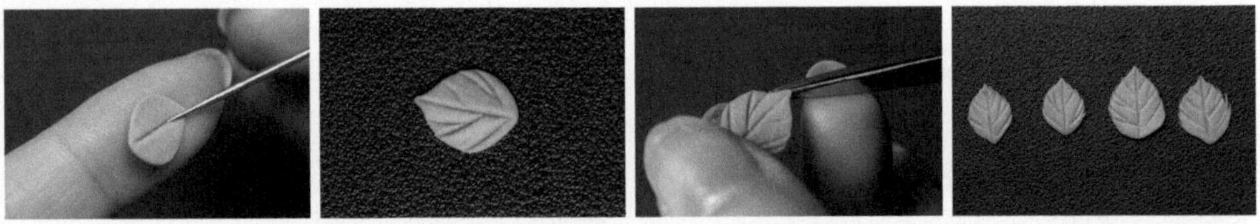

⑮ 用细节针在叶片上划压出纹路，注意纹路是分叉的；再用剪刀在叶片边缘剪出尖尖的缺口，用相同的方法多做几片叶片。

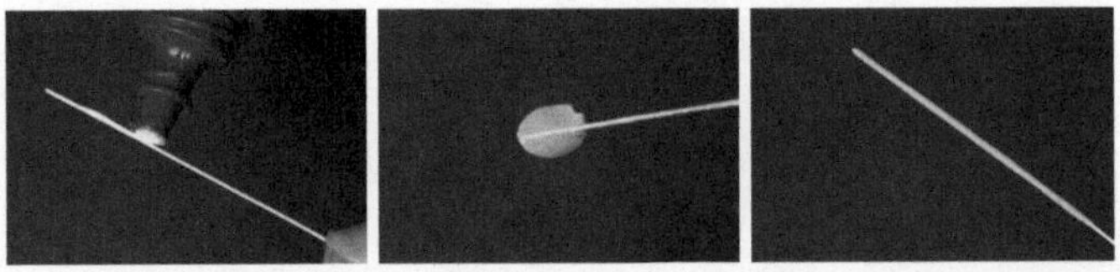

⑯ 取出一小段纸包铁丝，涂上白乳胶，用浅绿色黏土将其包裹。

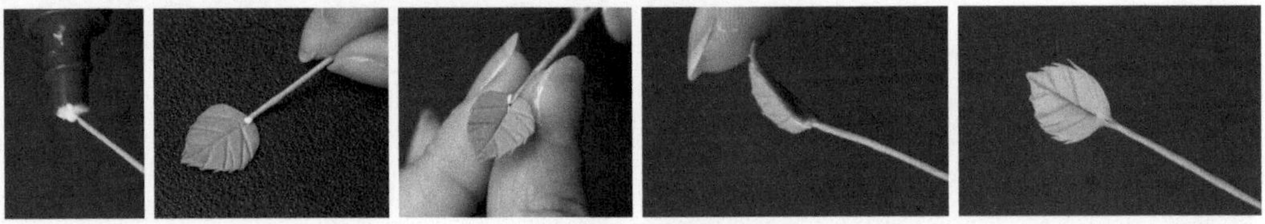

⑰ 在做好的枝干顶端涂上白乳胶并粘贴叶片，用手指调整叶片弯曲的弧度。

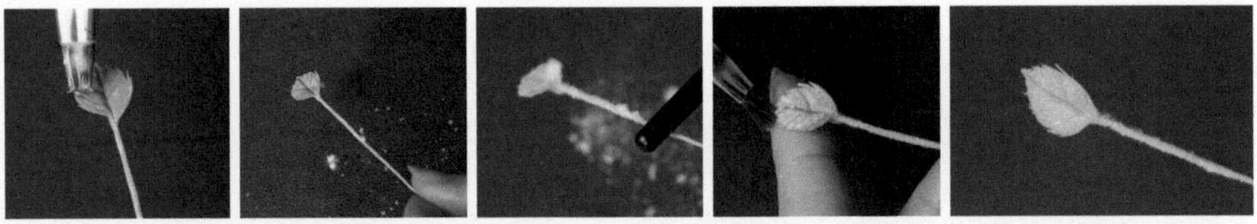

⑱ 同样在叶片表面涂上稀释过的白乳胶，撒上毛绒粉，用干净、干燥的毛笔掸去多余的粉末。

⑲ 用剪钳把叶片枝干斜着剪切，在剪切面上涂白乳胶，将其粘贴于花朵主干上。

⑳ 将其他的叶片错落地粘贴于枝干上，向日葵就制作完成了。

绣球

◆花卉样本

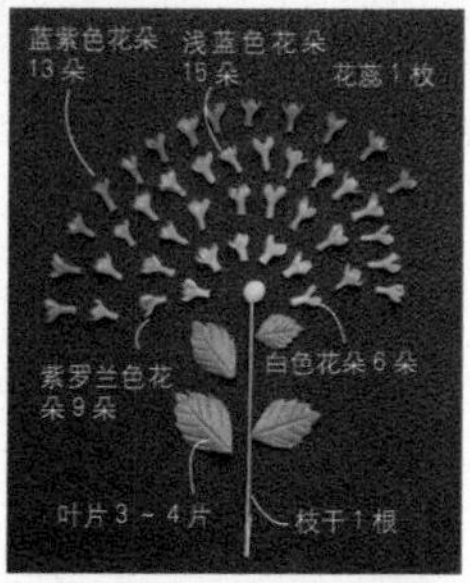

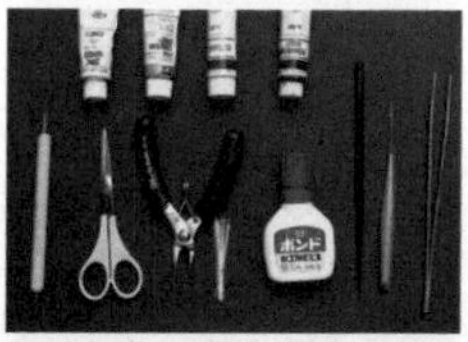

材料与工具

油彩颜料、丸棒、剪刀、剪钳、纸包铁丝、白乳胶、开花棒、细节针、镊子

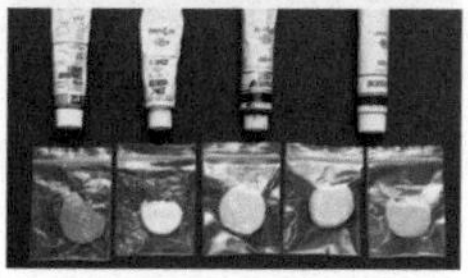

黏土颜色

深绿色、白色、紫罗兰色、浅蓝色、蓝紫色

STEP 01 制作花朵

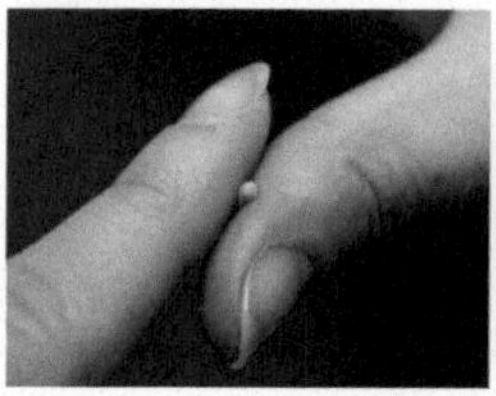

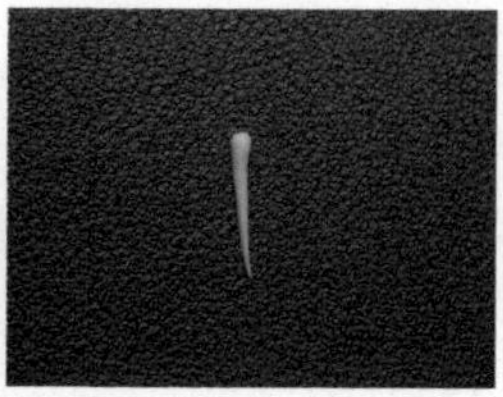

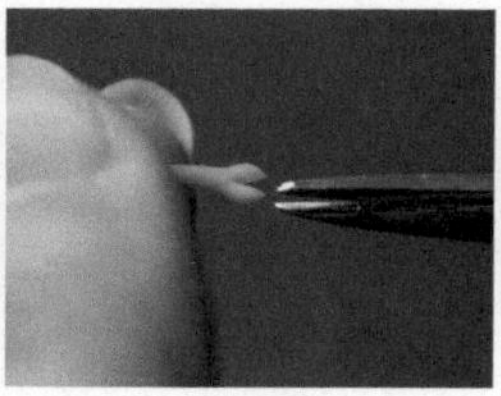

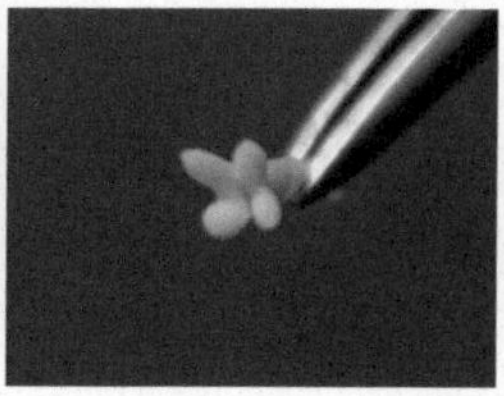

❶ 取极小一块蓝紫色黏土，用手指将其搓成较长的水滴形，用剪刀把圆头剪成4份。

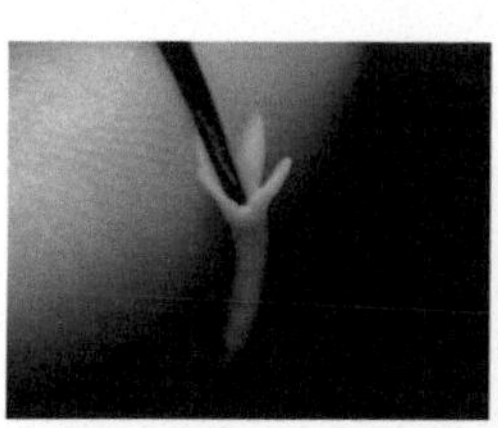

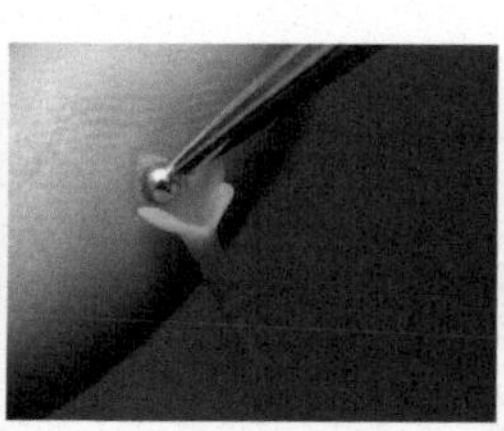

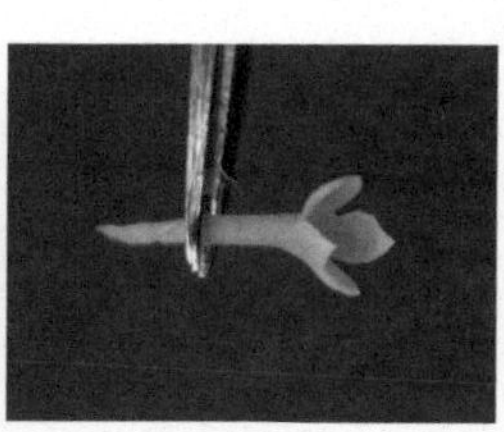

❷ 用开花棒依次擀开花瓣，再用丸棒将花瓣压出勺形，调整花瓣弯曲的弧度，用剪刀把底部多余的黏土剪去，绣球花的花朵就做好了。

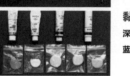

STEP 02 制作花枝

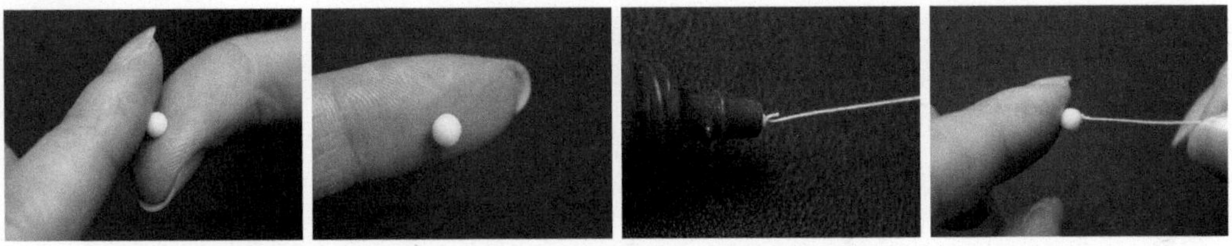

03 取一小块白色黏土搓成球形，将纸包铁丝弯曲成钩并涂上白乳胶，将纸包铁丝有钩的一端插入黏土中。

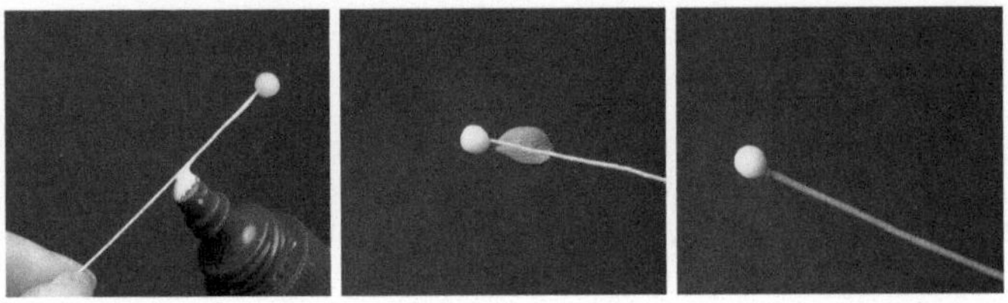

04 在纸包铁丝上涂白乳胶，用深绿色黏土均匀地包裹。

STEP 03 组合花朵

05 按步骤01做白色、紫罗兰色、浅蓝色的花朵；在做好的花朵底部涂上白乳胶，再粘贴于黏土球上。

06 围绕黏土球粘贴花朵，在粘贴过程中注意色彩的搭配，让颜色错落分布。

STEP 04 制作叶片

⑦ 取深绿色黏土搓成梭形，用开花棒擀开。

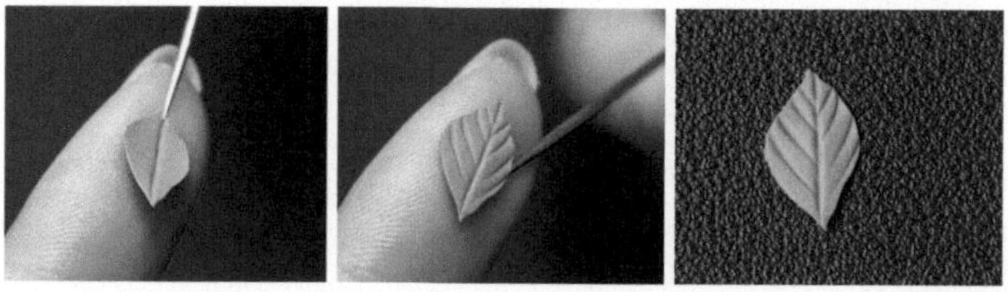

⑧ 用细节针在叶片上划压出纹路。

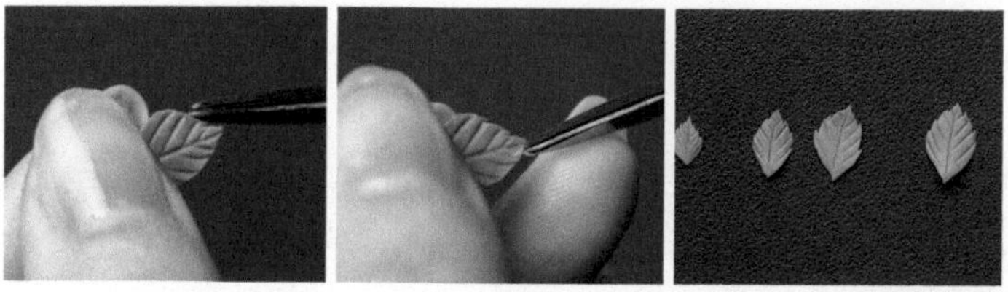

⑨ 用剪刀在叶片边缘剪出尖尖的凹口。

⑩ 用镊子夹住做好的叶片，在叶片根部涂白乳胶并将其粘贴于主干上；再调整一下叶片弯曲的弧度，让它外翻。用相同的方法粘贴其他叶片，绣球花就制作完成了。

玫瑰

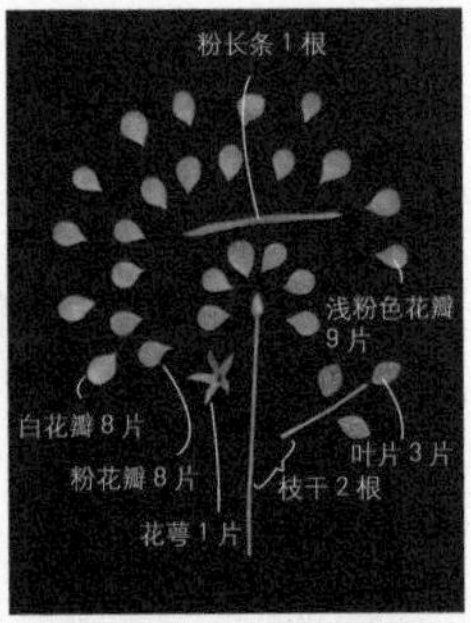

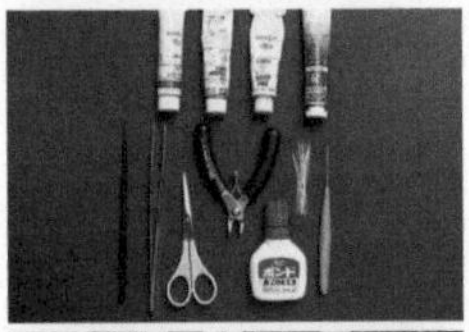

材料与工具

细节针、白乳胶、剪钳、剪刀、镊子、开花棒、纸包铁丝、油彩颜料

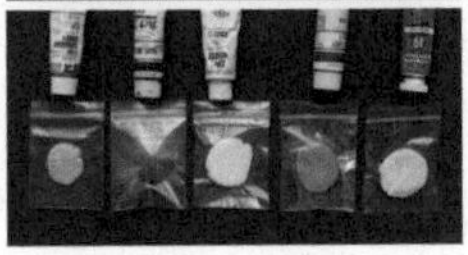

黏土颜色

浅绿色、棕色、白色、皮粉色、粉色

STEP 01 制作花蕊

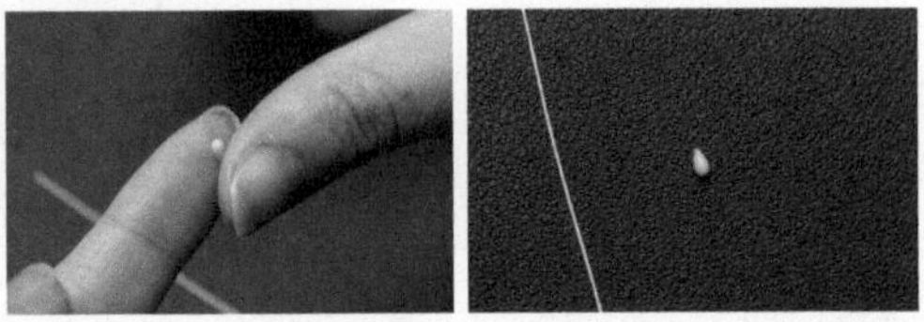

⓪① 取米粒大小的皮粉色黏土，搓成水滴形，再拿出一根纸包铁丝。

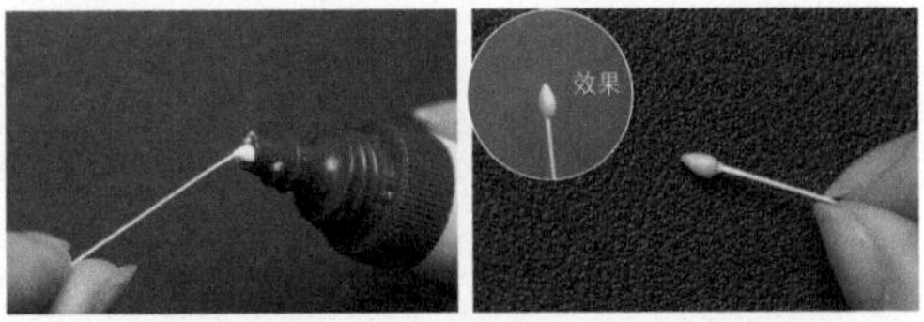

⓪② 在纸包铁丝一端涂上白乳胶，再从皮粉色水滴形黏土圆头插入，玫瑰的花蕊就制作完成了。

STEP 02 制作第一层花瓣

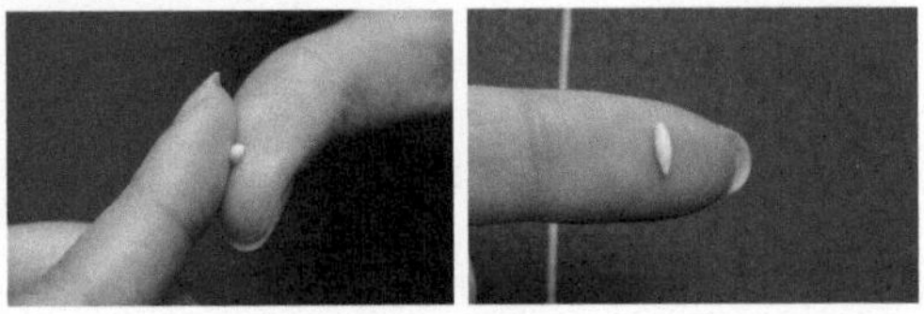

⓪③ 取米粒大小的皮粉色黏土，置于左手食指上，用右手拇指左右搓动两端，将其搓成梭形。

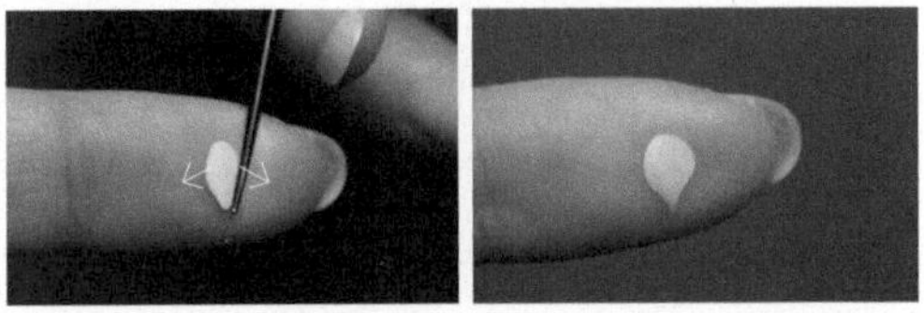

⓪④ 用开花棒压在梭形黏土中间，再左右滚动开花棒，将其擀开成水滴形薄片作花瓣。

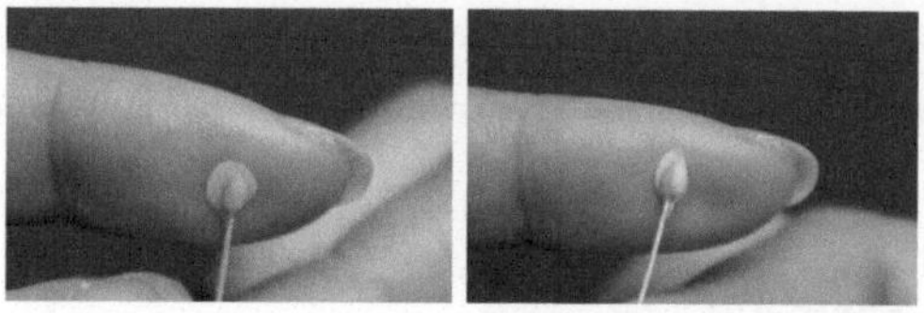

05 将花蕊根部与花瓣根部对齐，再滚动花蕊，让花瓣包裹花蕊。

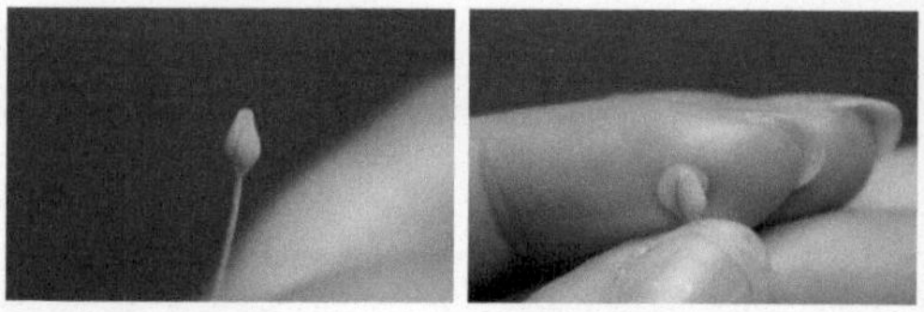

06 第二片花瓣需与第一片花瓣错开一点位置，再用相同的方法贴好花瓣。

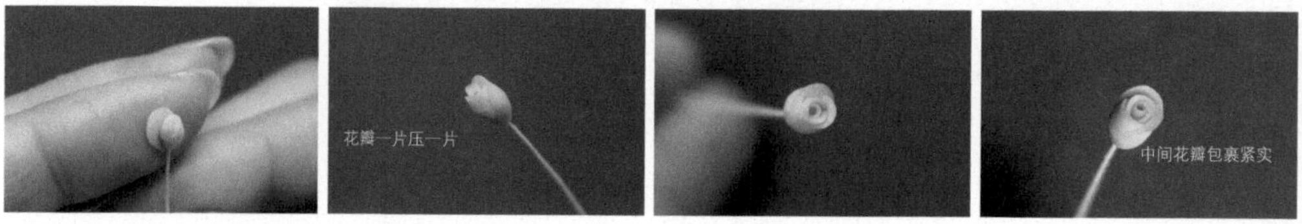
花瓣一片压一片
中间花瓣包裹紧实

07 继续贴花瓣，中心的花瓣要一片压一片，且让它们包裹紧实，花瓣顶端稍微外翻。

STEP 03 制作第二层花瓣

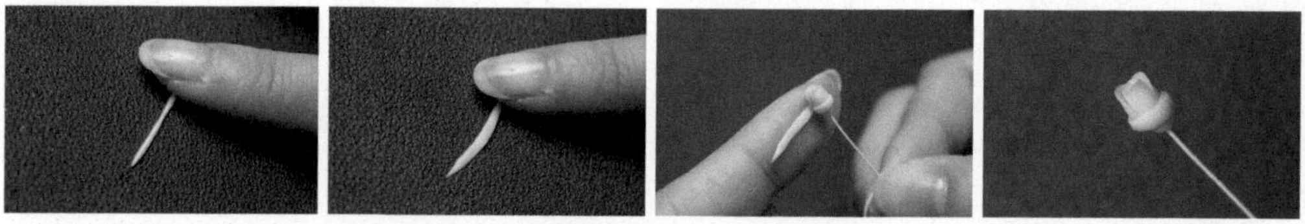

08 取皮粉色的黏土搓成细条，用手指压平；将压平的细条裹在花苞中间偏下的位置，裹一圈便可，掐掉多余的黏土。

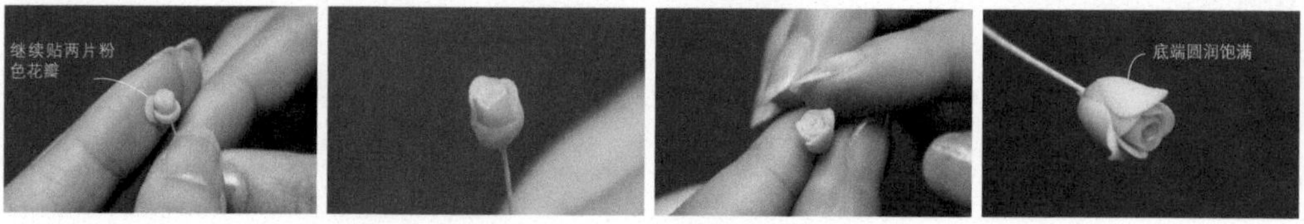
继续贴两片粉色花瓣
底端圆润饱满

09 继续贴两片与之前颜色相同的皮粉色花瓣进行过渡，接下来贴粉色花瓣，用手轻轻将花瓣边缘外翻。

10 以每层三片的方式贴花瓣，同时用镊子轻轻夹花瓣交接的地方，将花瓣弯出弧度。

STEP 04 制作第三层花瓣

⓫ 用白色的黏土制作第三层花瓣，同样每层三片，以插空的方法贴白色花瓣，花瓣边缘用手拨出弯曲弧度，再用镊子夹出花瓣尖。

STEP 05 制作花萼

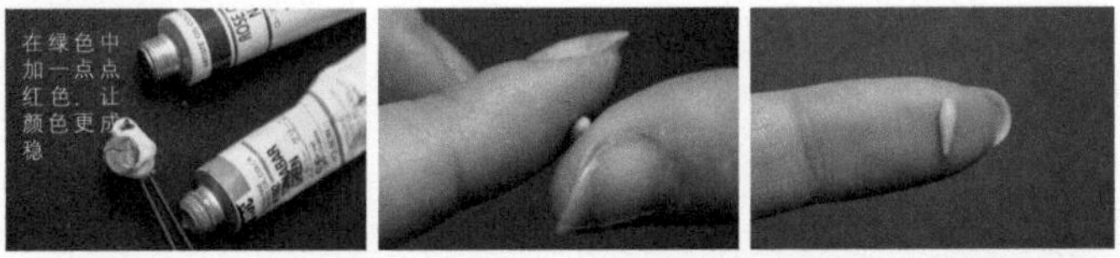

⓬ 取浅绿色的黏土搓成水滴形。

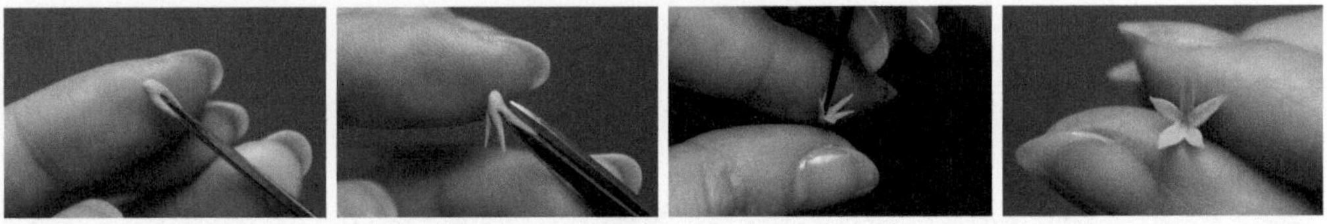

⓭ 用剪刀把尖头剪成5份，再用开花棒依次擀开，做成花萼。

⓮ 取出刚才做好的玫瑰，将纸包铁丝插入花萼，在花朵底部涂白乳胶，上推花萼至花朵底部并粘贴。

⓯ 用开花棒细头按压花萼的萼片下方，出现自然弧度。调整萼片形状，让它向下卷曲。

STEP 06 制作枝干

⑯ 在纸包铁丝上均匀地涂上白乳胶，取一小块浅绿色的黏土包裹纸包铁丝，由上至下旋转揉搓，以包裹均匀，剪去多余的纸包铁丝。

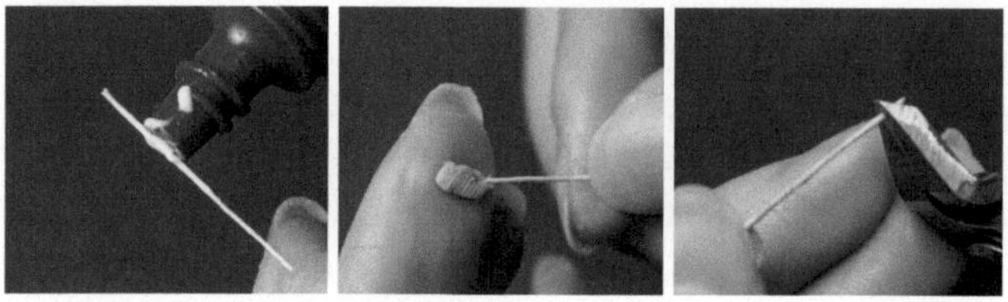

⑰ 用同样的方法再制作一些枝干待用。

STEP 07 制作叶片

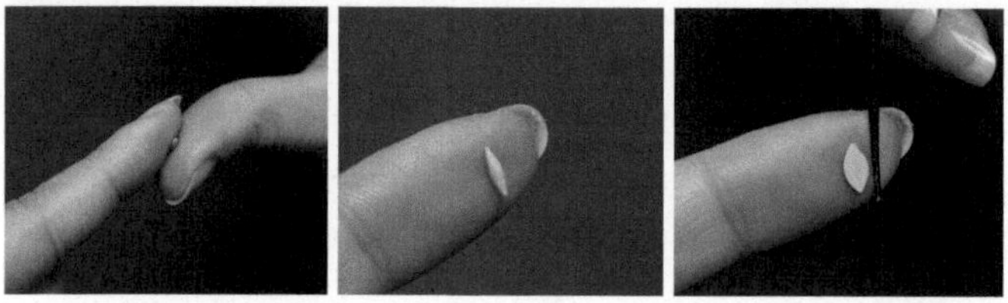

⑱ 取极小块浅绿色黏土，搓成梭形，用开花棒擀开。

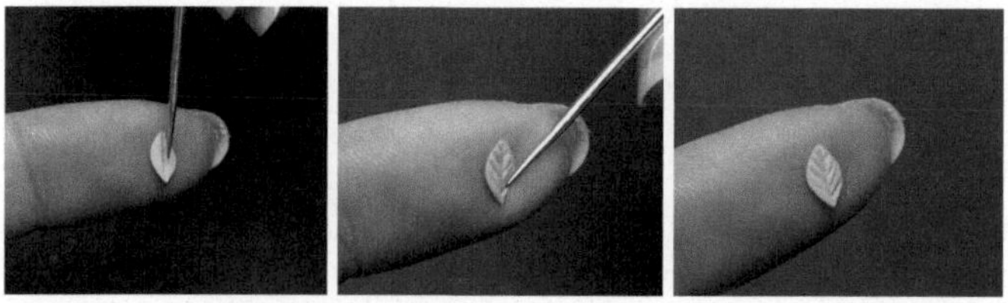

⑲ 用细节针划压出叶片的叶脉纹路。

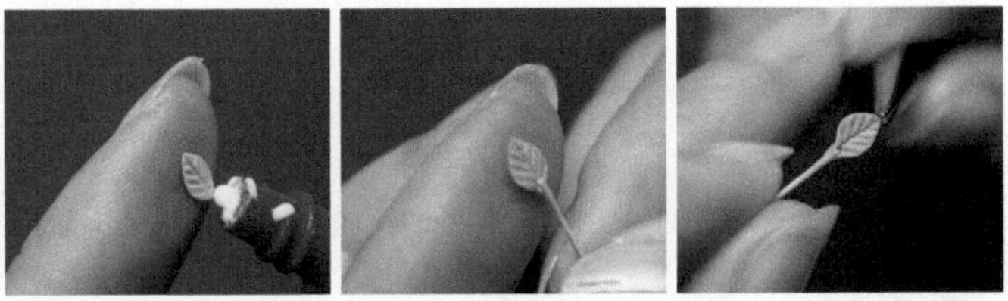

⑳ 在叶片根部涂白乳胶后粘贴在枝干上，用镊子将叶片顶端夹出叶尖。

㉑ 用同样的方法再做两片叶子，分别粘贴在枝干的左右两侧，用镊子将枝干弯出弧度，再用剪钳倾斜剪切。

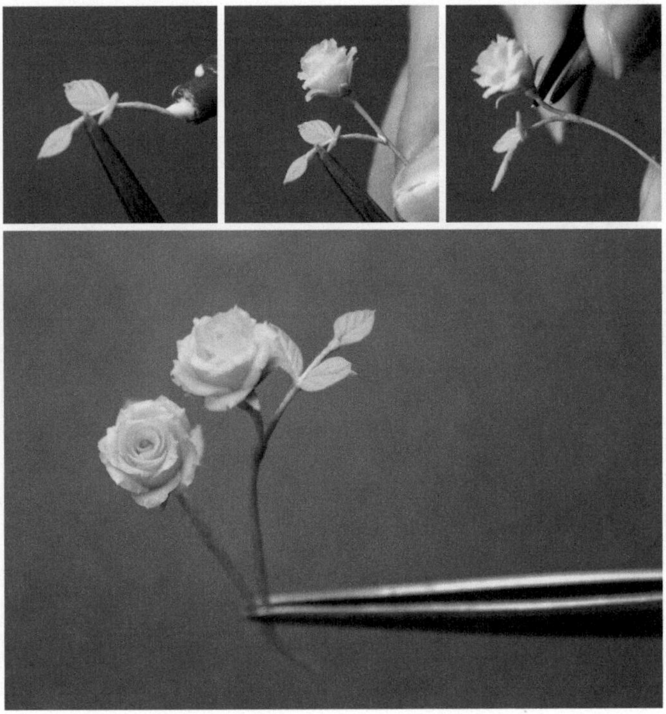

㉒ 在枝干剪切面涂白乳胶，将其粘贴于主干上，用镊子将主干弯出弧度。

奥斯汀月季

◆花卉样本

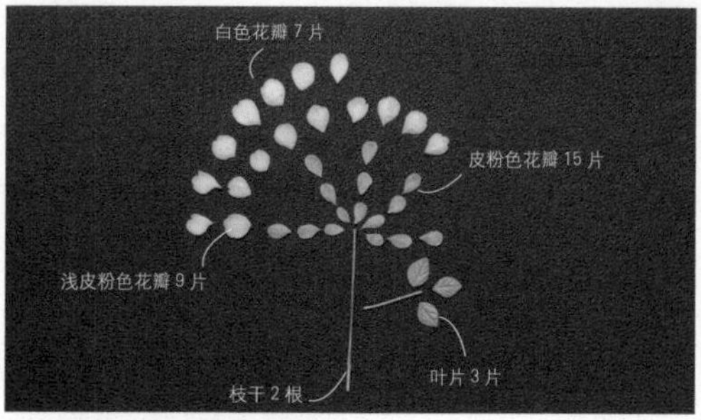

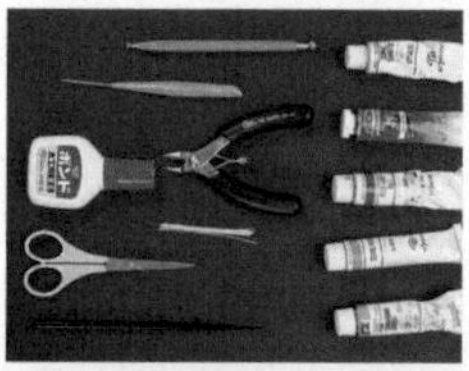

材料与工具

油彩颜料、丸棒、细节针、剪钳、白乳胶、纸包铁丝、剪刀、开花棒

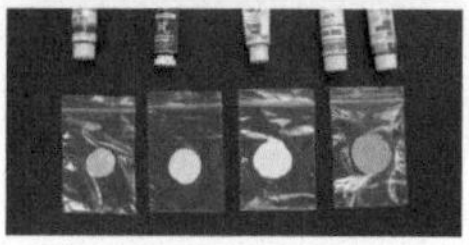

黏土颜色

皮粉色、浅皮粉色、白色、浅绿色

STEP 01 制作第一层花瓣

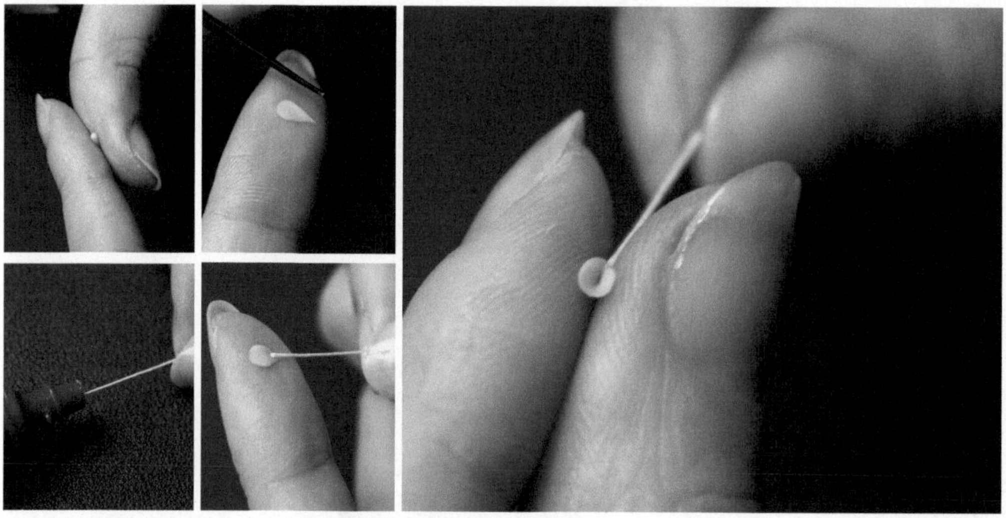

⓫ 取极少的皮粉色黏土，搓成水滴形后用开花棒擀开；拿出一根纸包铁丝，在顶端涂白乳胶，将花瓣对折弯曲并粘贴于纸包铁丝顶端。

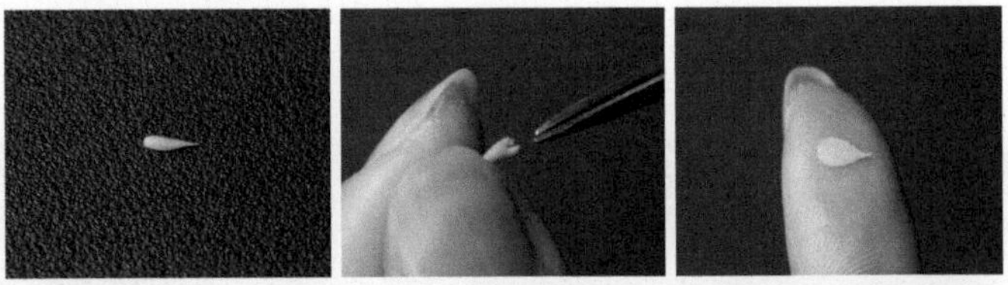

02 取极少的皮粉色黏土，搓成水滴形，用剪刀在圆头轻剪出分叉，再用开花棒擀开，做出带卷边效果的花瓣。

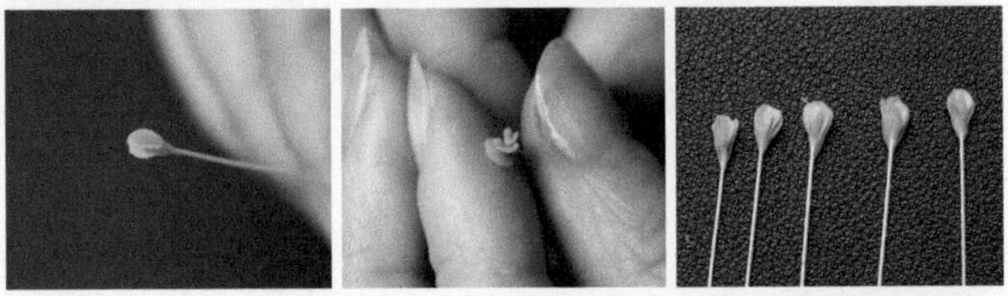

03 由小至大依次粘贴三片花瓣，共粘贴5组。

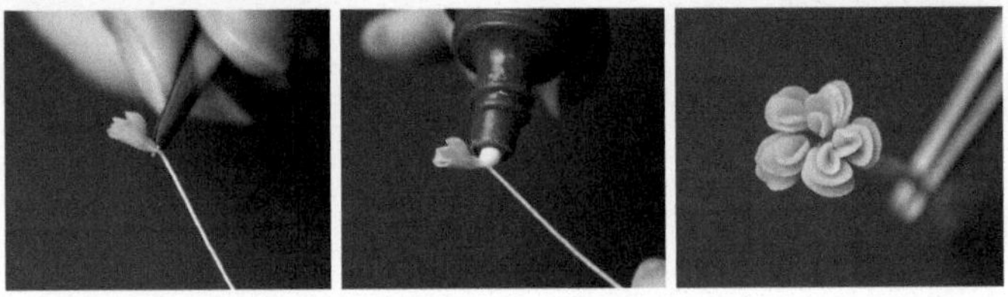

04 将花瓣底端的纸包铁丝轻微弯曲后涂白乳胶，将5组花枝组合在一起，完成第一层花瓣的制作。

STEP 02 制作第二层花瓣

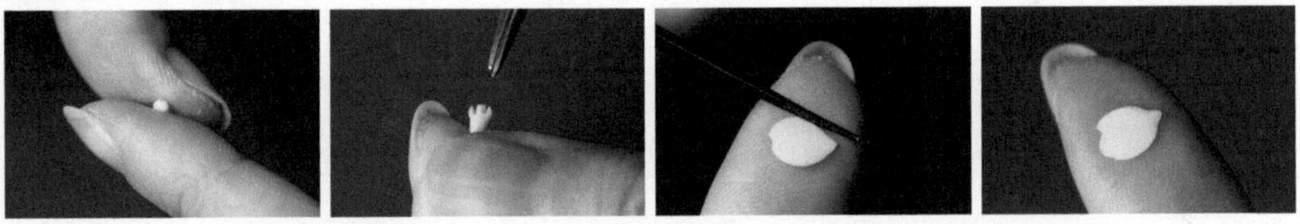

05 取浅皮粉色黏土搓成水滴形，稍稍压扁，用剪刀在圆头剪出2至3个分叉，再用开花棒擀开成花瓣。

06 将花瓣置于指腹上，用丸棒将花瓣形状调整为勺形；将制作好的花瓣错落粘贴于花心周围。

STEP 03 制作第三层花瓣

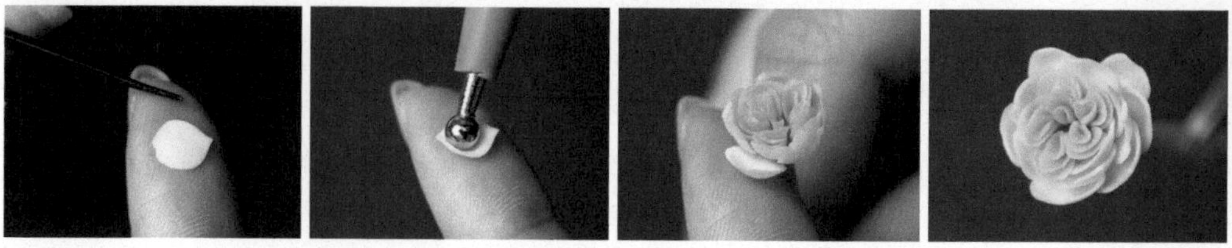

07 取白色黏土，重复第二层花瓣的制作步骤，做出第三层白色花瓣，花瓣要较之前稍大一点，再错落粘贴于第二次花瓣外。

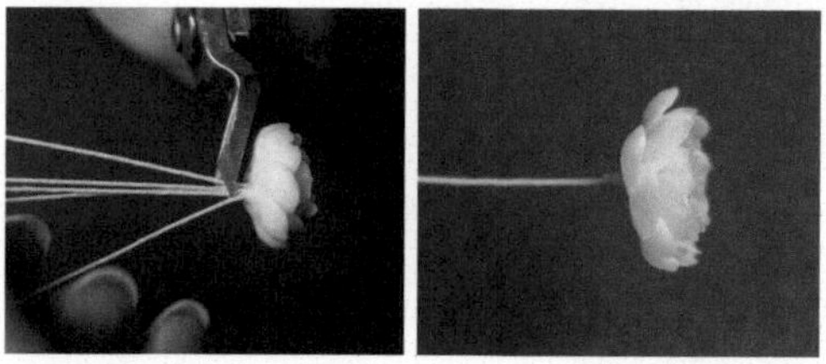

08 为了保持枝干纤细，只保留1根纸包铁丝，用剪钳将其余4根剪去。

STEP 04 制作花萼

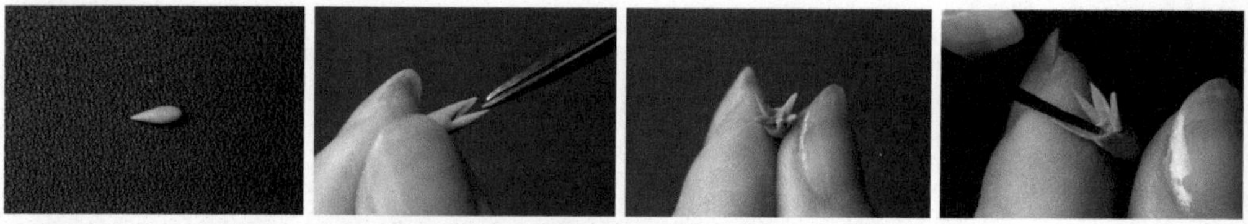

09 取浅绿色黏土搓成水滴形，用剪刀把尖头剪成5份，再用开花棒依次擀开。

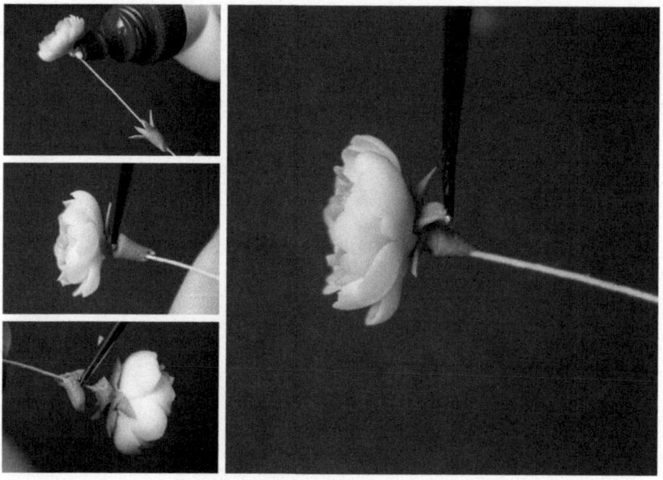

10 将花萼插入纸包铁丝，在花朵底部涂白乳胶后将花萼粘贴于花朵底部；用剪刀剪去花萼底部多余的黏土，再用开花棒调整其造型。

STEP 05 制作枝叶

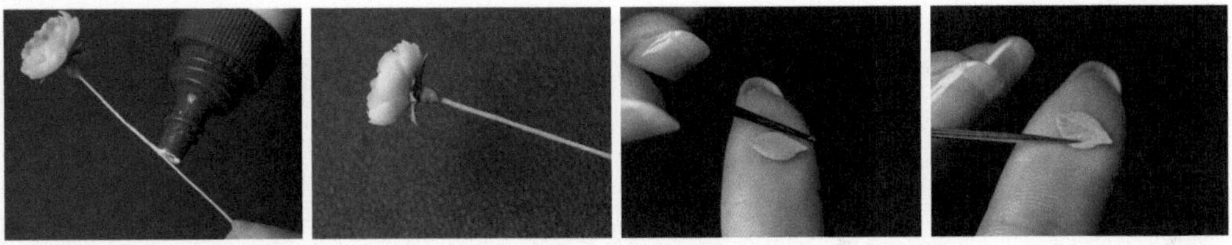

⑪ 在纸包铁丝上均匀地涂白乳胶，再用浅绿色黏土将其包裹。取少许浅绿色黏土，搓成梭形后，擀开制作叶片，用细节针划压出叶脉纹路。

⑫ 取一根纸包铁丝，用浅绿色黏土包裹，在一端涂白乳胶后粘贴第一片叶片，两侧粘贴两片叶片。

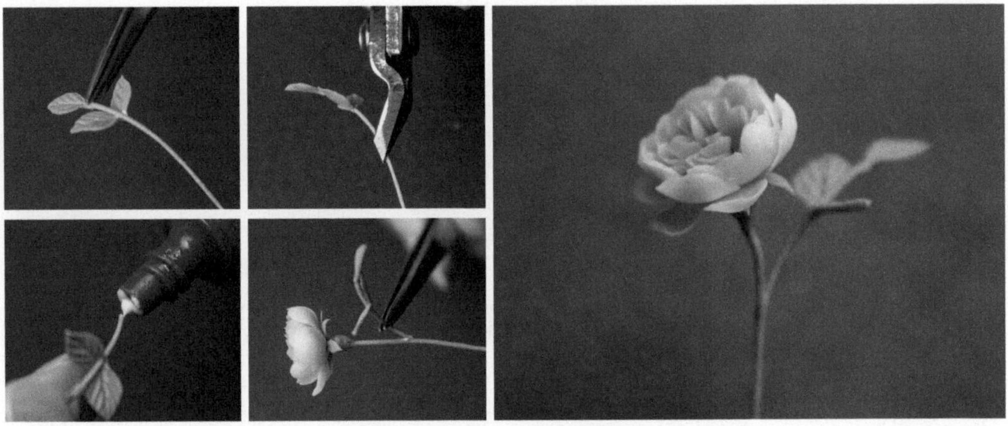

⑬ 用镊子调整叶片的枝干弯曲弧度，用剪钳斜剪，剪切面涂白乳胶后将其粘贴于主干上。

鸢尾

◆花卉样本

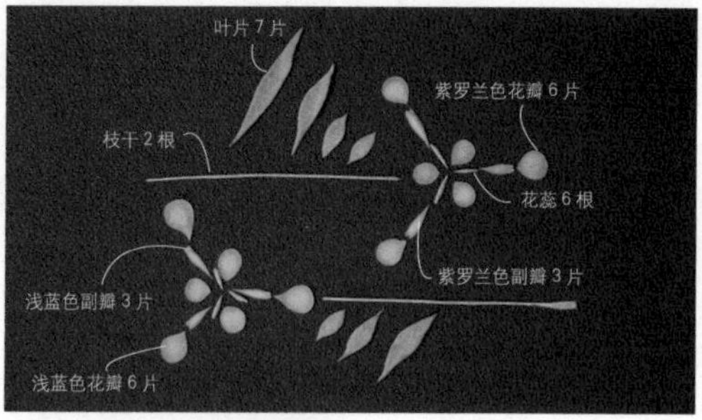

材料与工具

油彩颜料、丙烯颜料、镊子、开花棒、纸包铁丝、剪钳、剪刀、白乳胶、细节针、毛笔

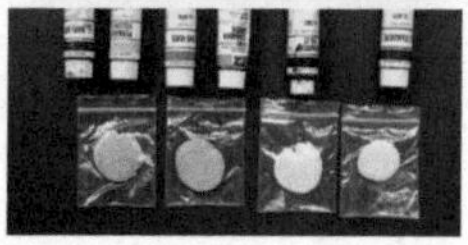

黏土颜色

藤黄色、浅绿色、紫罗兰色、浅蓝色

STEP 01 制作花瓣

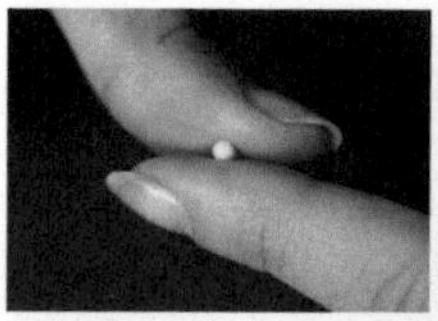

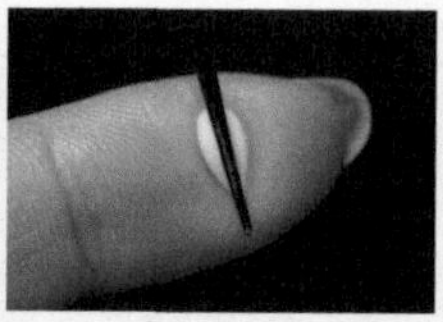

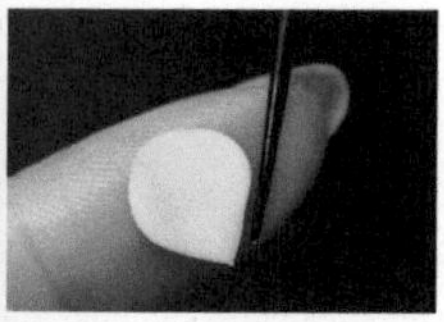

❶ 取浅蓝色黏土搓成水滴形，用开花棒擀开成水滴形花瓣。

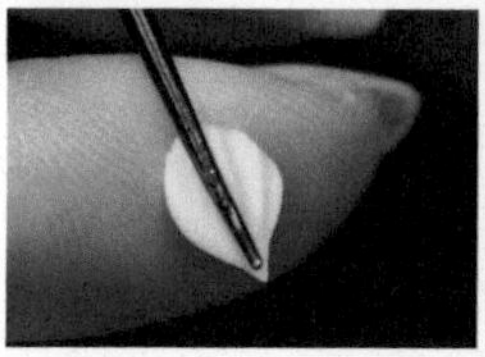

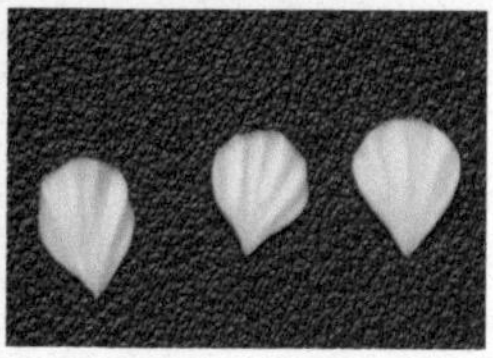

❷ 用开花棒一边擀出弧度一边压出纹理。

小提示

外层的三片花瓣要比里层的稍微大一些，使用的黏土比制作里层的花瓣用到的黏土要多一些，制作方法一致。

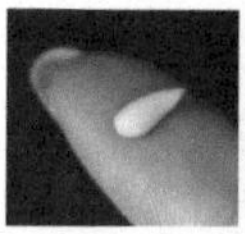

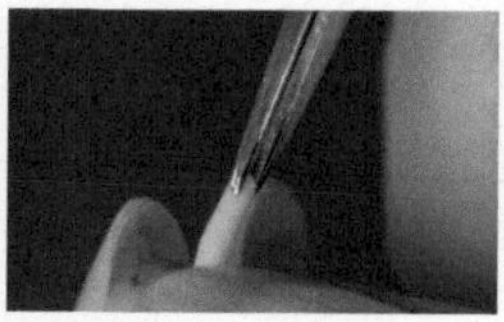

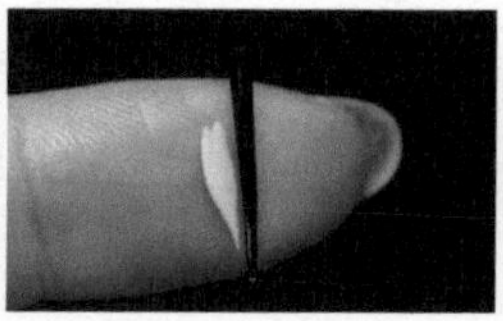

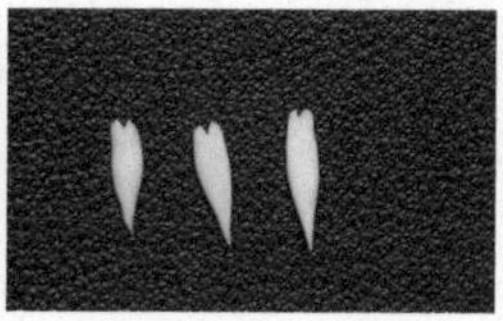

❸ 取极少的浅蓝色黏土搓成细长水滴形，圆头剪成两份，再用开花棒擀开。用相同的方法做出三片副瓣。

STEP 02 制作枝干、花蕊

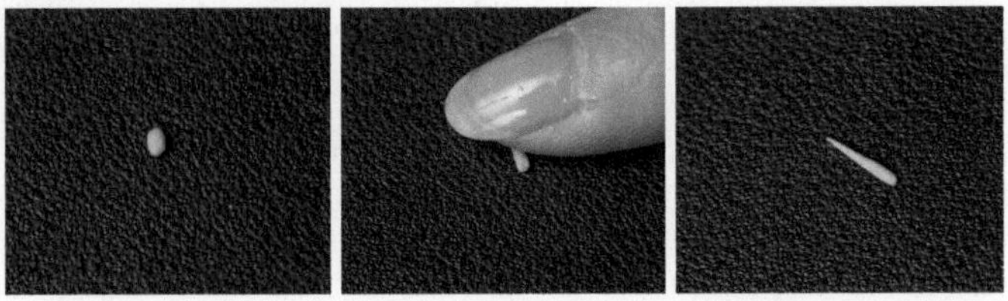

04 取藤黄色黏土搓成极细长的水滴形，需搓6根。

05 取一段纸包铁丝，在其表面均匀地涂白乳胶，取浅绿色黏土将其包裹，制作成枝干。

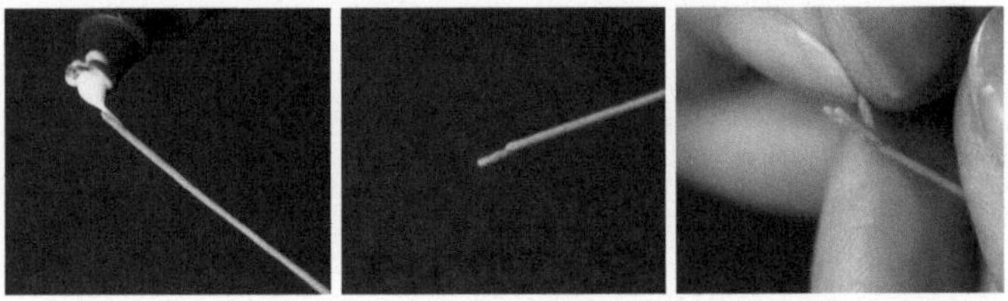

06 在枝干顶端涂白乳胶，将细长的藤黄色水滴形黏土围绕枝干顶部粘贴，作为花蕊。

STEP 03 组合花朵

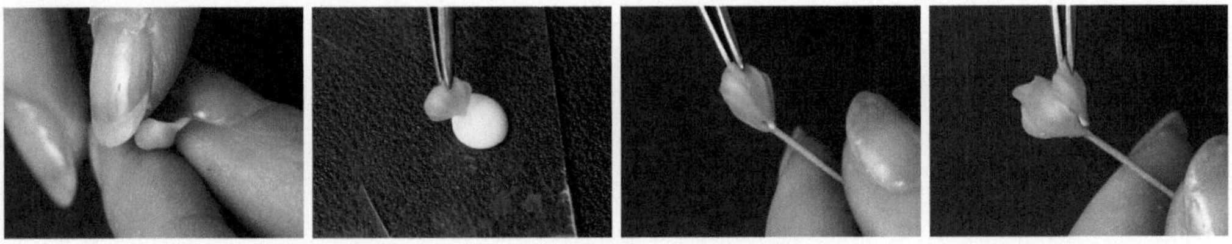

07 调整花瓣形状，让其有向内扣的弧度，花瓣底端涂上白乳胶，将三片花瓣分布均匀地粘贴于花蕊周围。

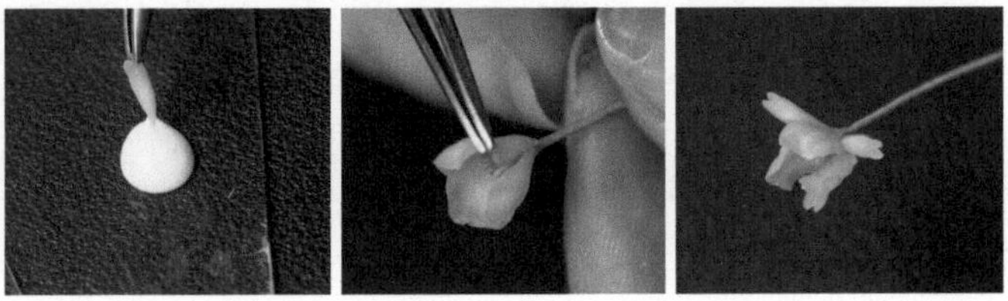

08 取副瓣，插空粘贴于里层花瓣的缝隙处。

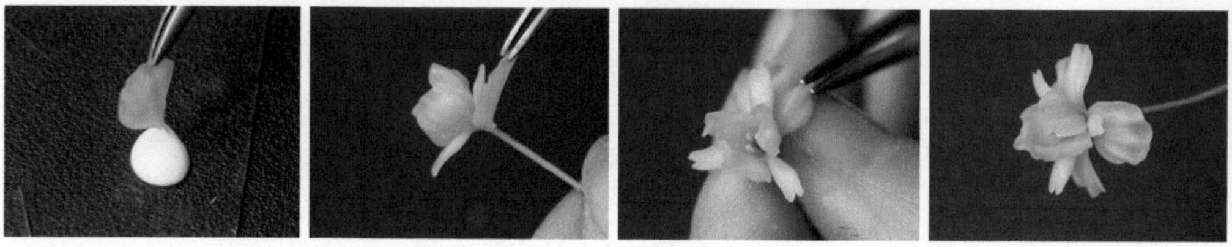

⑨ 取花瓣，依旧插空粘贴于里层花瓣缝隙处，调整花瓣形状，让它向下弯曲。

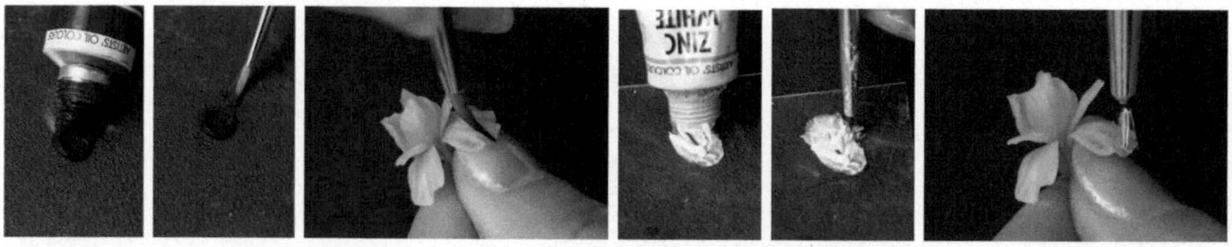

⑩ 取蓝色油彩颜料，用毛笔蘸取颜料由花瓣顶端向中心涂色，涂完第一层再取出透白颜料，将蓝色油彩晕染均匀。

⑪ 重复刚才的涂色步骤给内层花瓣上色。

⑫ 取浅黄色丙烯颜料，由每片花瓣的根部开始向外涂色，涂色时渐渐提笔，让颜色有深浅渐变。

⑬ 用同样的方法，以紫罗兰色黏土制作另外一朵花，用浅紫色和透白油彩颜料为花瓣涂渐变色，画出鸢尾花的底色。

⑭ 适当地在花瓣边缘涂一些蓝色油彩颜料，再用透白油彩颜料做渐变，做出蓝紫色渐变的效果。

STEP 04 制作叶片

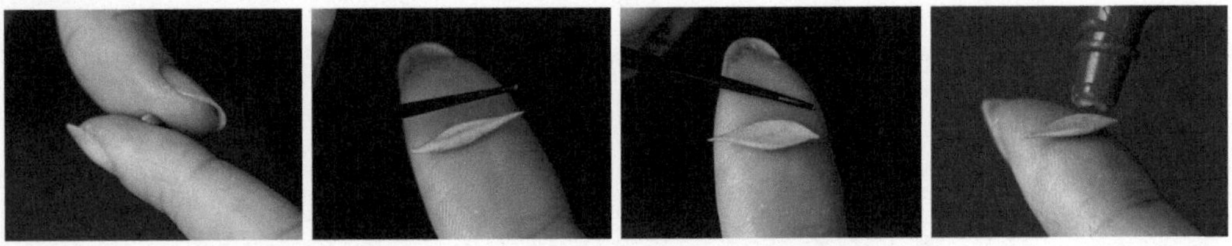

⑮ 取浅绿色黏土搓成梭形，用开花棒擀开；取白乳胶，在叶片较粗的一端涂白乳胶。

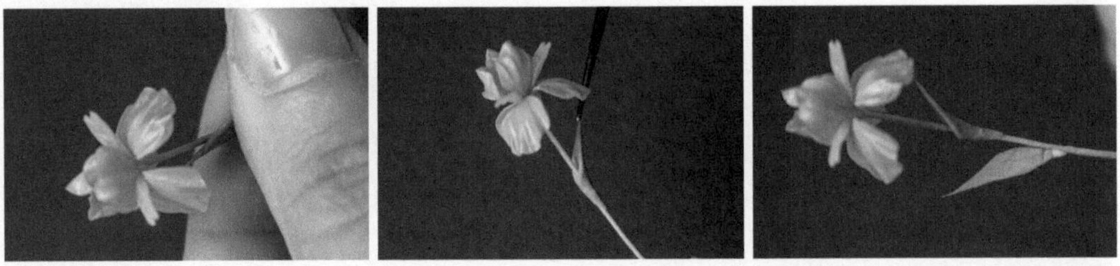

⑯ 将叶片粘贴于主干上，用手指将叶片根部包裹住主干，用开花棒调整一下叶片尖端朝向；以相同的方法继续向下粘贴叶片。

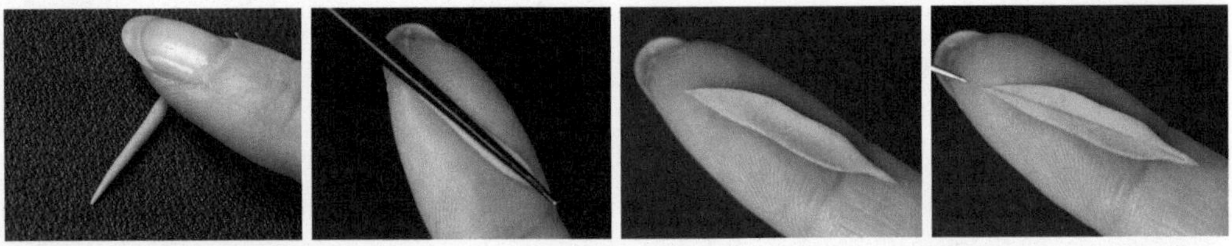

⑰ 底部叶片要稍微大一些，取比上次多一些的浅绿色黏土，搓出更长一点的梭形，用开花棒擀开，用细节针在叶片中间划压出一条叶脉，制作叶片。

⑱ 同样在较粗的那一端涂白乳胶，在枝干底部错落地粘贴叶片。

Sorry
WE'RE
CLOSED

CHAPTER

第五章

古韵仙境·迷你黏土花制作

虞美人

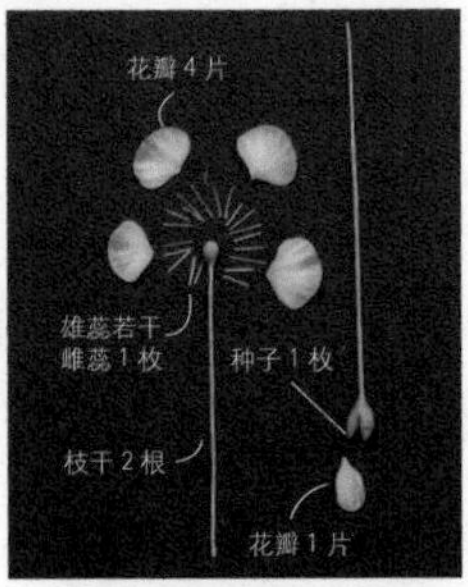

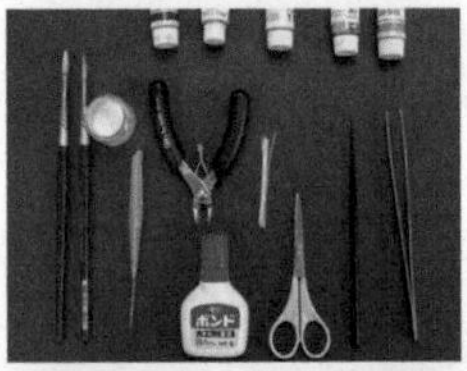

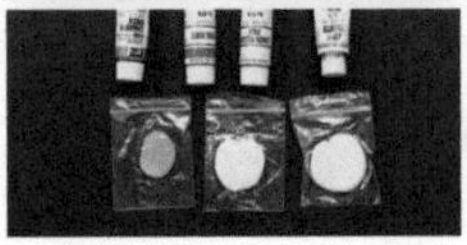

材料与工具

油彩颜料、镊子、开花棒、纸包铁丝、剪钳、剪刀、白乳胶、细节针、毛笔、毛绒粉

黏土颜色

浅绿色、鹅黄色、白色

STEP 01 制作花蕊

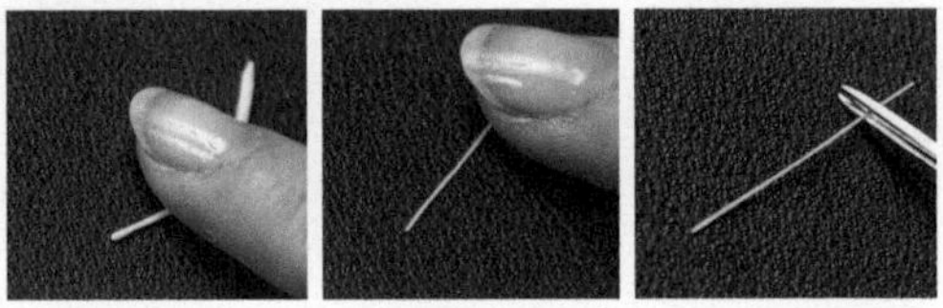

⓫ 取鹅黄色黏土，搓成极细的条状，用剪刀剪成小段作花蕊备用。

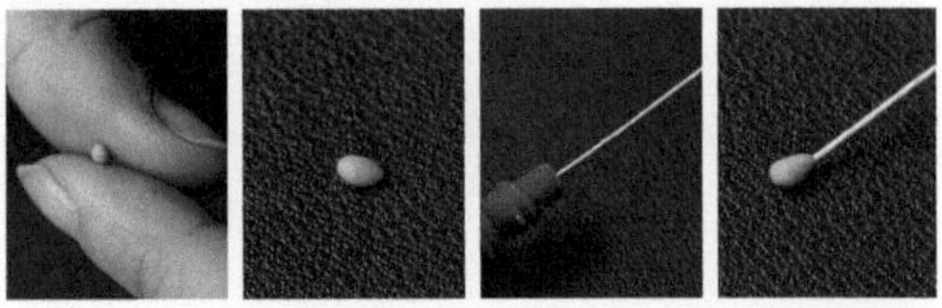

⓬ 取一小块浅绿色黏土，搓成水滴形，取一段纸包铁丝在顶端涂白乳胶，将涂有白乳胶的一端插入水滴形黏土尖头。

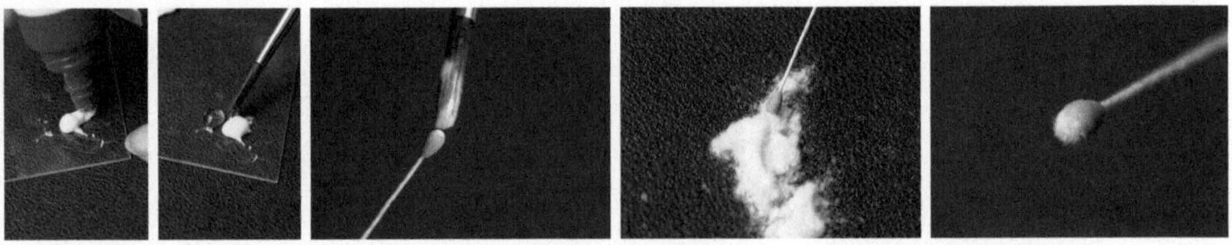

⓭ 用毛笔蘸清水稀释白乳胶，在浅绿色水滴形黏土顶端涂一点白乳胶；当白乳胶未干时蘸取适量毛绒粉。

04 先挤出一些白乳胶待用；用镊子夹住制作好的花蕊蘸取白乳胶；对齐花心底部，将花蕊均匀、密集地粘贴于花心周围。

05 用剪刀将花蕊修剪齐整，用开花棒调整花蕊弯曲弧度，让它们内卷。

06 用水稀释白乳胶，用毛笔蘸稀释后的白乳胶涂在花蕊顶端；趁白乳胶未干时蘸取毛绒粉，用开花棒轻敲纸包铁丝以掸去多余粉末。

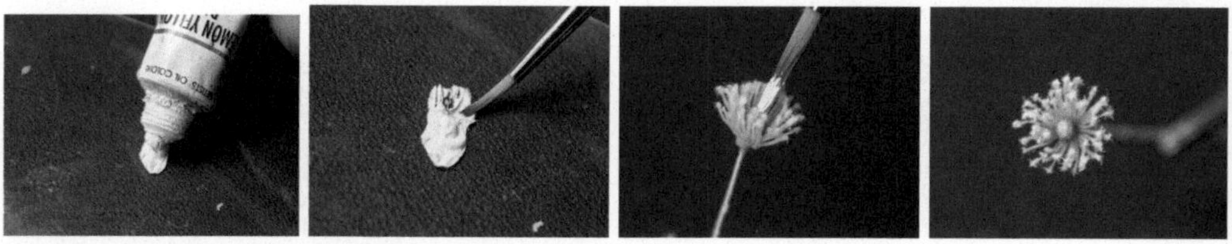

07 取柠檬黄油彩颜料，用毛笔蘸取颜料为花蕊顶端的毛绒粉涂色。

STEP 02 制作花朵

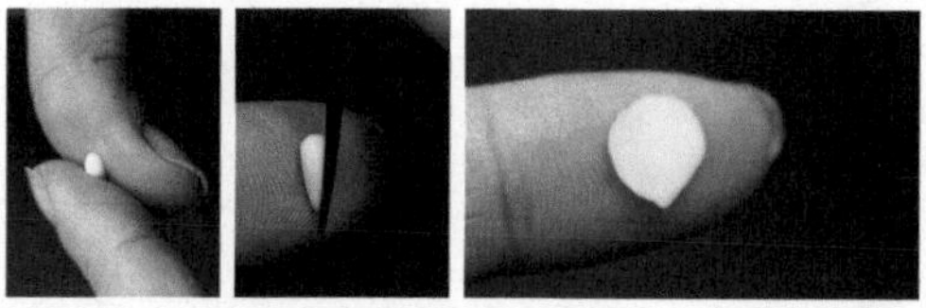

08 取一小块白色的黏土，先搓成水滴形，再用开花棒擀开成水滴形花瓣。

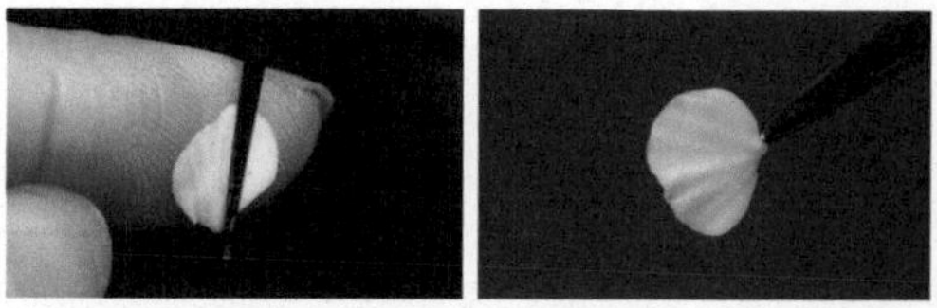

09 用开花棒在花瓣上压出纹路，适当擀开，让花瓣褶皱有一点弧度。

⑩ 在花瓣底端涂上白乳胶，花瓣底端对齐花蕊底部粘贴，用同样的方法将四片花瓣错落地粘贴于花蕊周围。

⑪ 用毛笔蘸取柠檬黄油彩颜料，由花心向外侧给花瓣涂色。

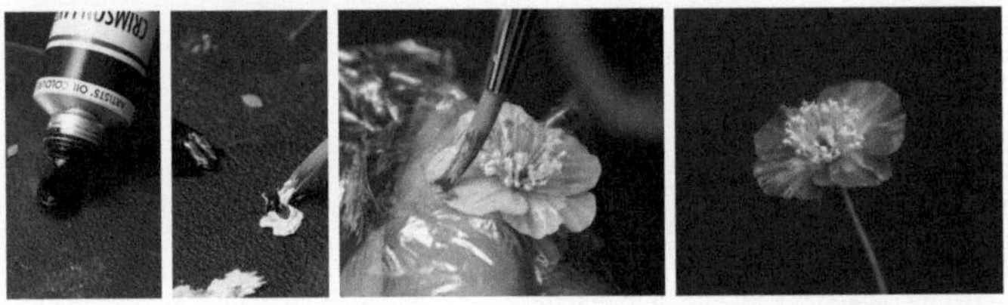

⑫ 取红色油彩颜料，用刚才蘸有柠檬黄油彩颜料的毛笔调和颜色；由花瓣外侧向花心涂色，与柠檬黄形成自然渐变。

STEP 03 制作种子

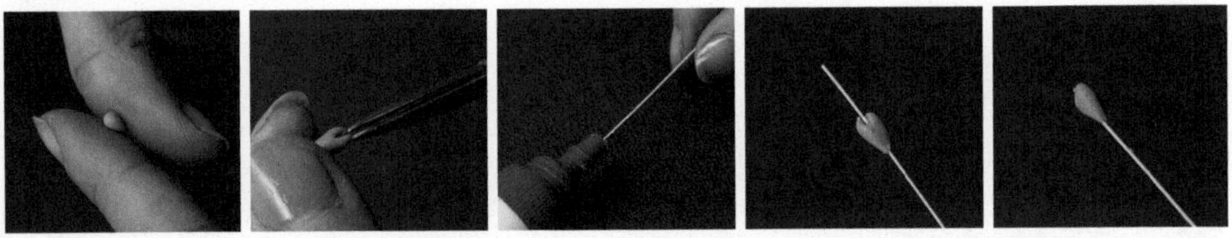

⑬ 取浅绿色黏土搓成水滴形，用剪刀将圆头剪出分叉；取一根纸包铁丝，在顶端涂白乳胶并从水滴形黏土分叉处插入，直到底部后固定。

STEP 04 制作落花

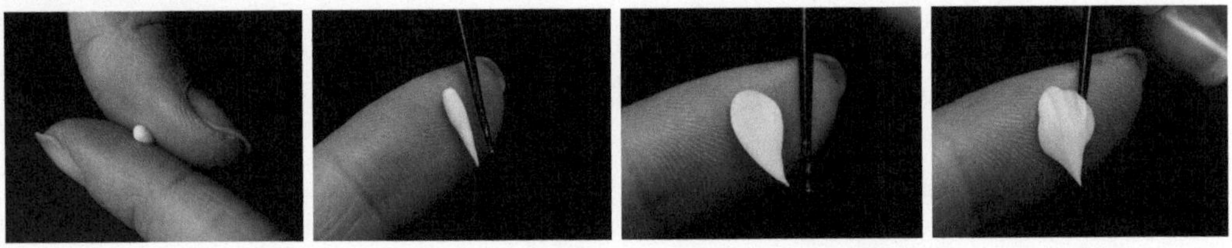

⑭ 取一块鹅黄色黏土，先搓成长水滴形，再用开花棒擀开；用开花棒将水滴形花瓣擀出弧度，并压出纹路。

⑮ 在花瓣底端涂白乳胶插入剪开的种子里，用手压合，调整花瓣形状。

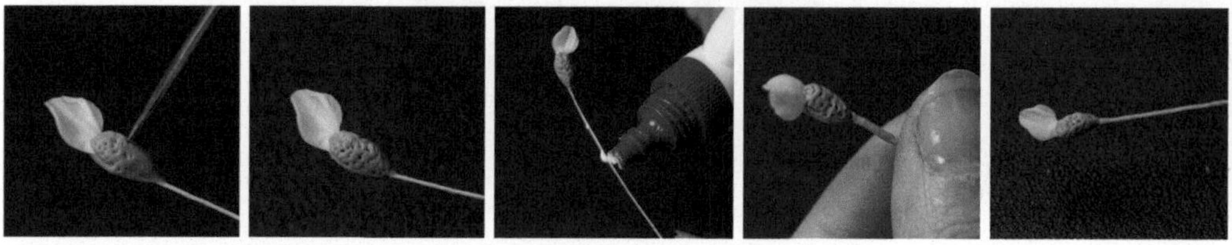

⑯ 用细节针在种子表面戳出小孔；在纸包铁丝上均匀地涂上白乳胶，用浅绿色的黏土将其均匀地包裹。

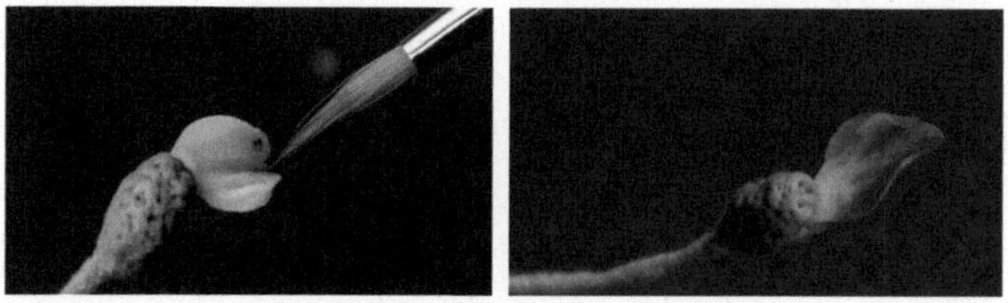

⑰ 取红色的油彩颜料，从花瓣顶端向中心涂色，画出花瓣的渐变色。

STEP 05 撒上毛绒粉

⑱ 在花朵的纸包铁丝上均匀地涂白乳胶，用浅绿色黏土将其均匀地包裹，将用水稀释的白乳胶均匀地涂在枝干上，趁白乳胶未干时撒上毛绒粉，制作出枝干带绒毛的效果。

桂花

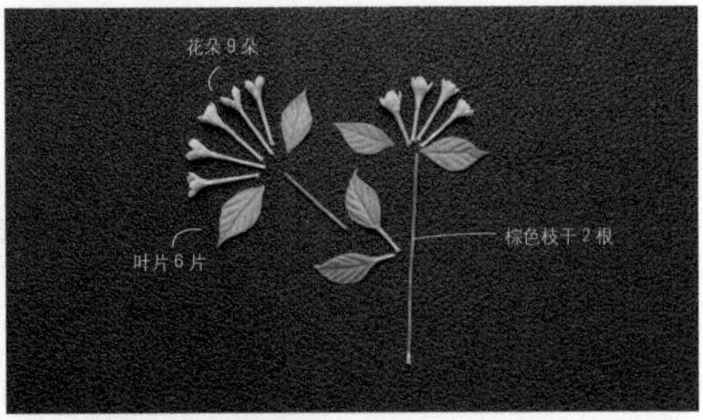

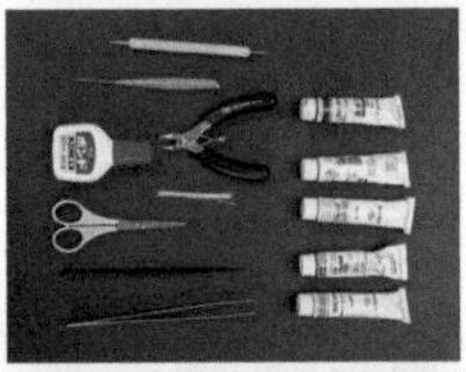

材料与工具

油彩颜料、开花棒、镊子、丸棒、白乳胶、剪钳、剪刀、纸包铁丝、细节针

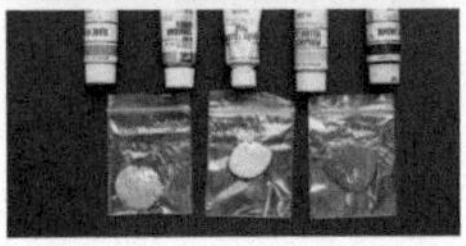

黏土颜色

浅绿色、藤黄色、棕色

STEP 01 制作花朵

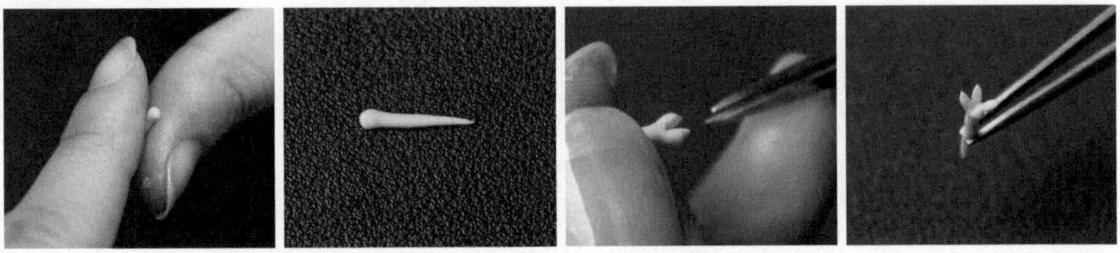

⓪① 取一小块藤黄色黏土搓成圆头较大的长水滴形，用剪刀将圆头均匀地剪成4份。

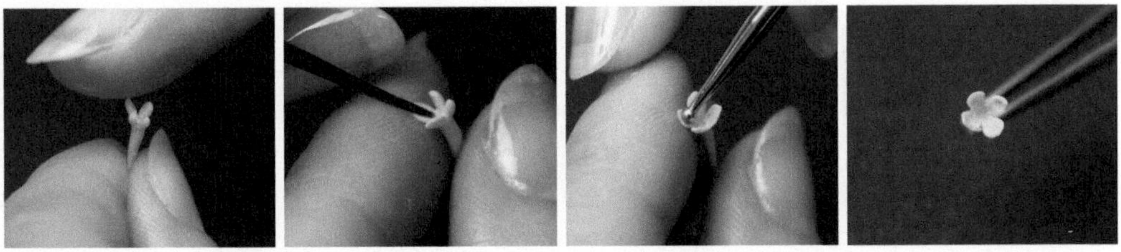

⓪② 用手指轻轻地将分叉的顶端压平，再用开花棒依次擀开花瓣，取丸棒将花瓣压出勺形。

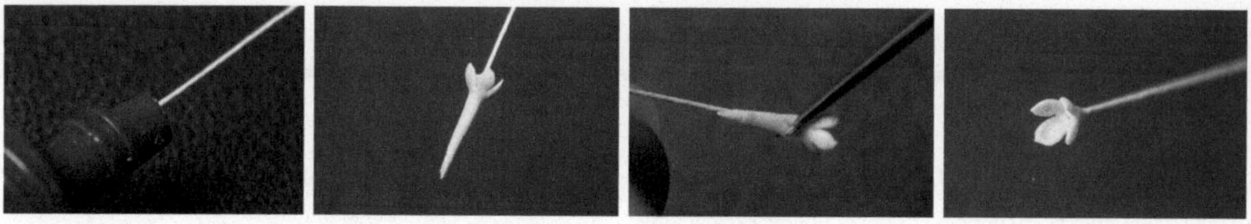

03 拿出纸包铁丝，在一端涂上白乳胶并由上向下插入花心，直至纸包铁丝穿过花朵到底部固定，再用剪刀剪去花朵底部多余的黏土，用手指将剪切面抚平整。

04 在纸包铁丝上均匀地涂上白乳胶，取浅绿色黏土均匀地将其包裹，并用剪钳把多余枝干剪掉。

STEP 02 制作叶片

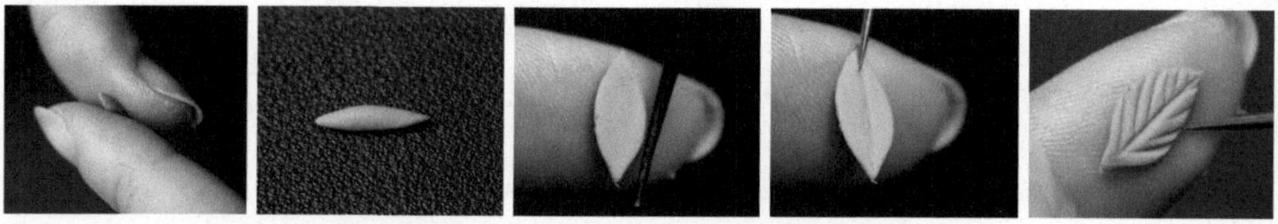

05 取浅绿色黏土搓成梭形，再用开花棒擀开成梭形叶片，用细节针划压出叶片纹路。

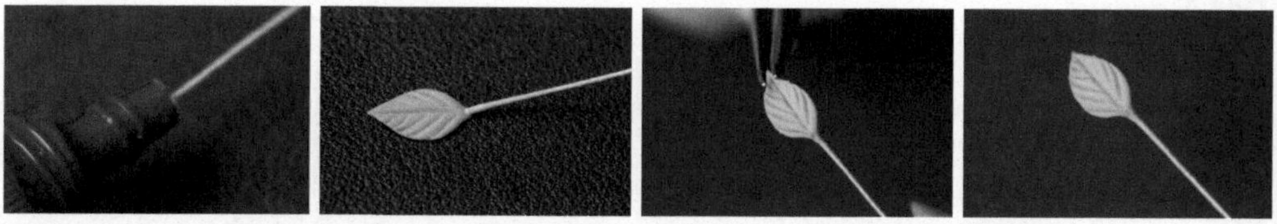

06 取一段纸包铁丝，用浅绿色黏土包裹后，在顶端涂上白乳胶并粘贴于叶片根部，用镊子调整叶片形状。

STEP 03 组合花朵

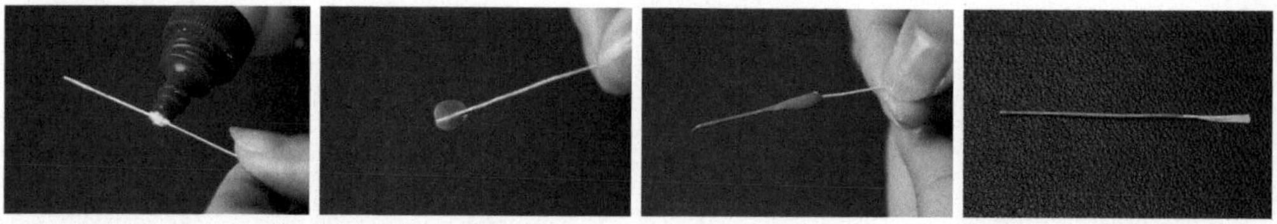

07 取一段纸包铁丝，在其表面均匀地涂抹白乳胶；取一块棕色黏土包裹纸包铁丝顶部，再旋转向下搓动均匀地将其包裹在纸包铁丝上。

08 挤出一些白乳胶，用镊子夹住制作好的桂花，用桂花杆的剪切面蘸取白乳胶；将桂花粘贴于主干顶部，主干上5至6朵花为一组。

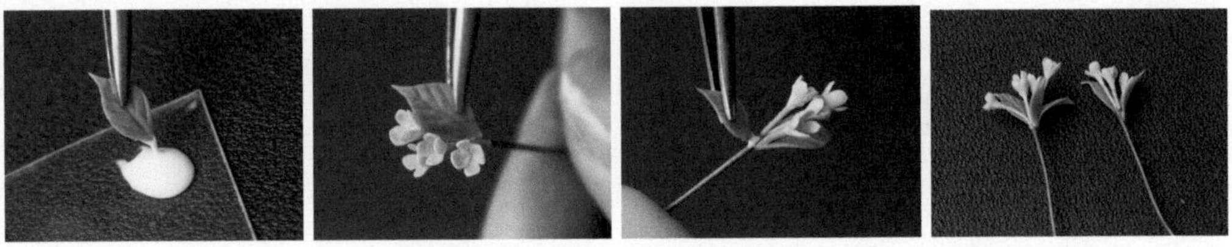

09 用镊子夹住做好的叶片，用叶片底端蘸取白乳胶，再将叶片粘贴于花簇底端，用相同的方法再做一簇桂花。

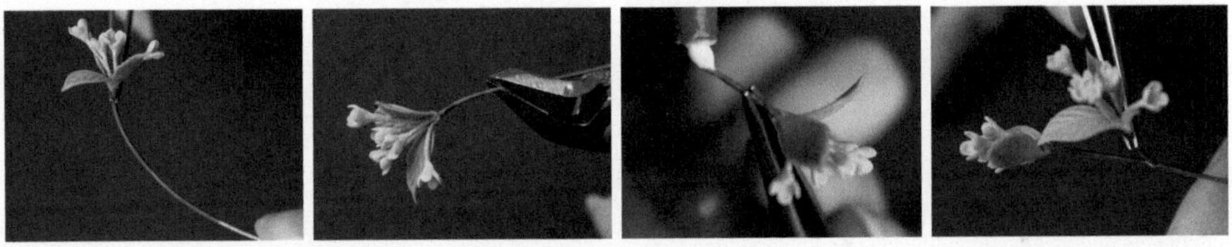

10 用镊子夹住桂花主干，调整其形态；再用剪钳倾斜剪切主干，在主干剪切面涂上白乳胶并将其粘贴于另一枝主干上。

11 先用剪钳把叶片的枝干斜剪一刀，把多余的枝干剪掉；在枝干剪切面涂白乳胶，将其粘贴于组合后的枝干上。

荷花

◆花卉样本

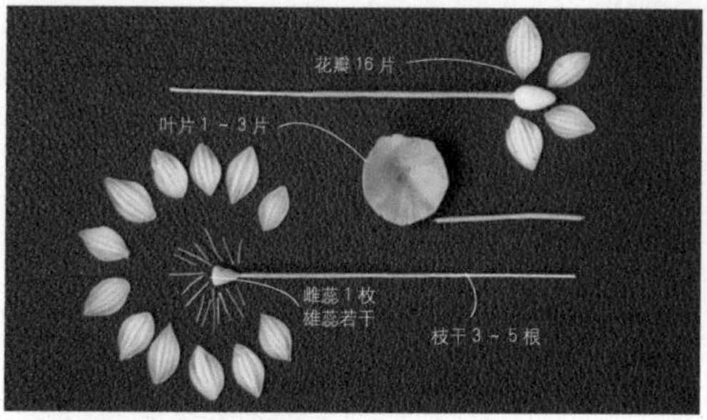

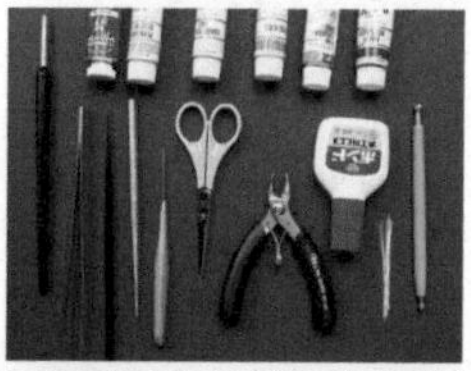

材料与工具

油彩颜料、毛笔、镊子、开花棒、细节针、剪刀、剪钳、白乳胶、纸包铁丝、丸棒

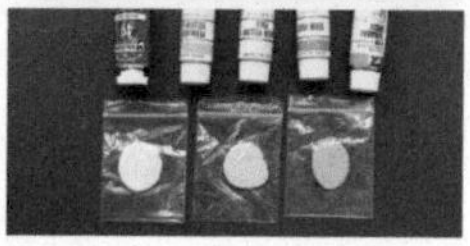

黏土颜色

薄雾粉色、藤黄色、浅绿色

STEP 01 制作花蕊

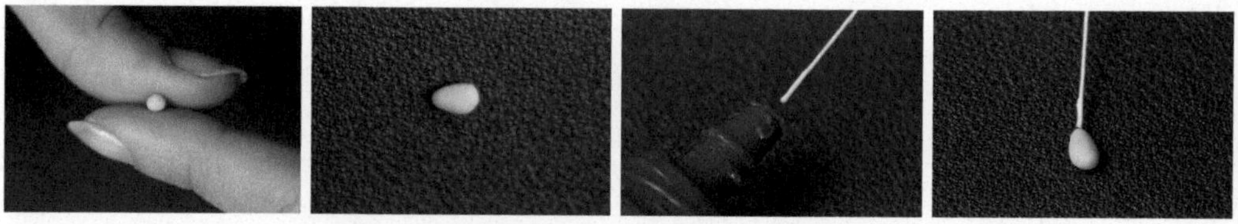

❶ 取一小块藤黄色黏土，搓成水滴形；取一段纸包铁丝，在其顶端涂上白乳胶并插入水滴形黏土尖头。

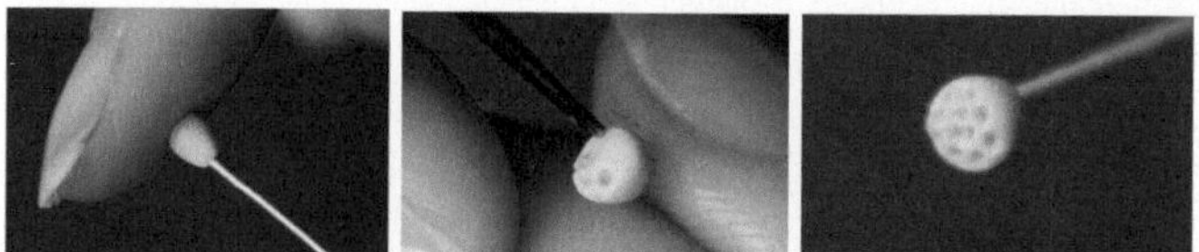

❷ 将水滴形黏土圆头压平，再用开花棒戳出小坑。

❸ 取藤黄色黏土，先将其搓成细条，再用剪刀剪成小段作花蕊备用。

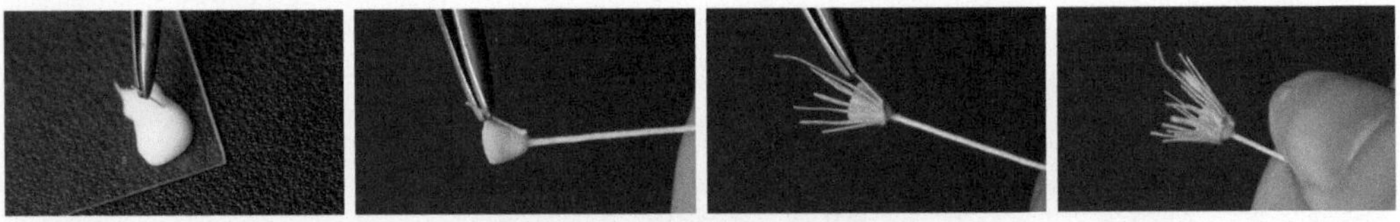

04 挤出少许白乳胶备用，用镊子夹住花蕊蘸取白乳胶，将花蕊对齐花心底部均匀地粘贴于花心周围。

05 用剪刀修剪花蕊，让其平整。

STEP 02 制作枝干

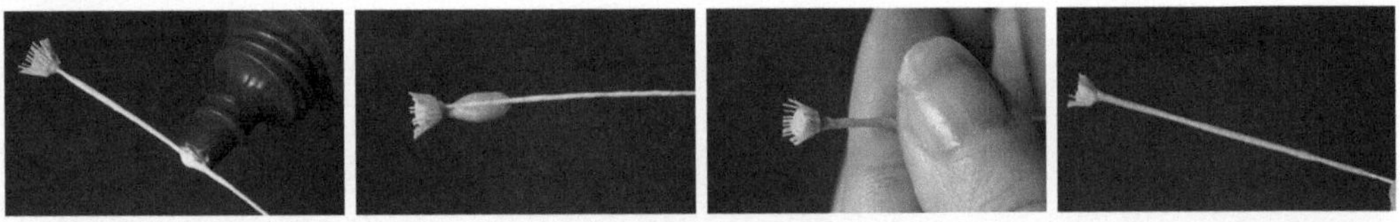

06 在纸包铁丝上均匀地涂上白乳胶，用浅绿色黏土将其包裹，用手指旋转搓动，让浅绿色黏土均匀、光滑地将其包裹。

STEP 03 制作花瓣

07 取一块薄雾粉色黏土，先搓成梭形，再按压擀开成梭形花瓣。

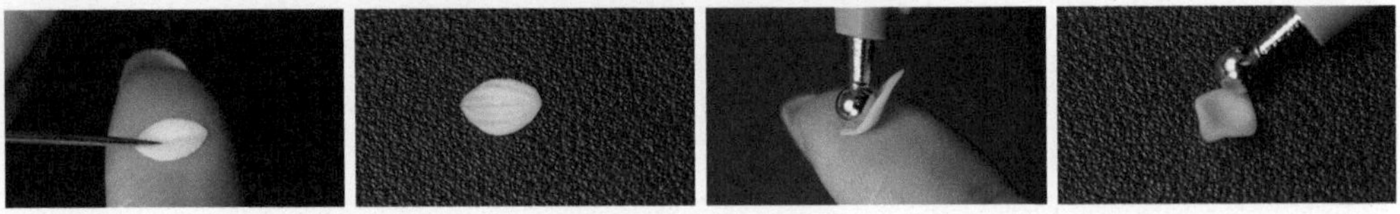

08 用细节针划压出花瓣上的纹理，再用丸棒调整花瓣弧度，让花瓣成勺形。

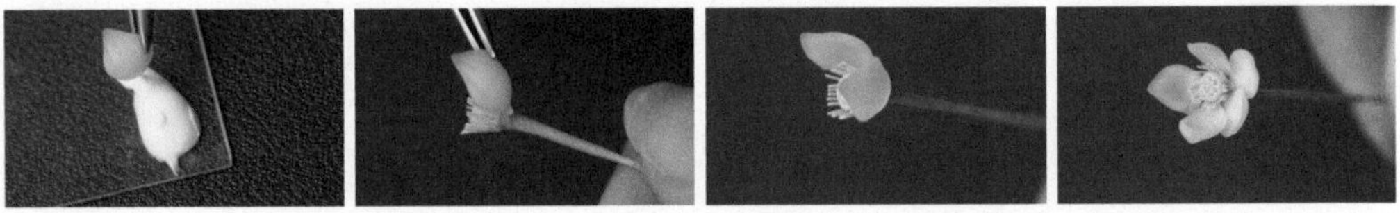

09 用镊子夹住花瓣，在花瓣根部蘸上白乳胶，对齐花蕊底部粘贴花瓣。用相同的方法将花瓣错落地粘贴于花心周围。

⑩ 继续粘贴第二层花瓣，这层花瓣稍微向外散开，注意调整花瓣的方向。

STEP 04 制作花苞

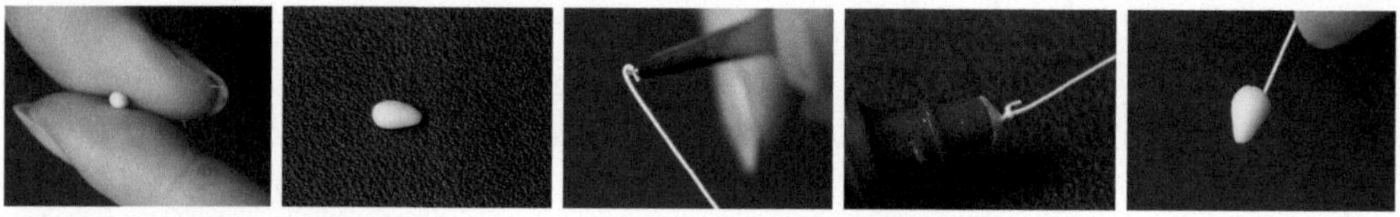

⑪ 取一小块薄雾粉色黏土搓成水滴形，取一根纸包铁丝，用镊子夹住顶端弯曲成勾并涂白乳胶，将打钩的纸包铁丝插入水滴形黏土的圆头。

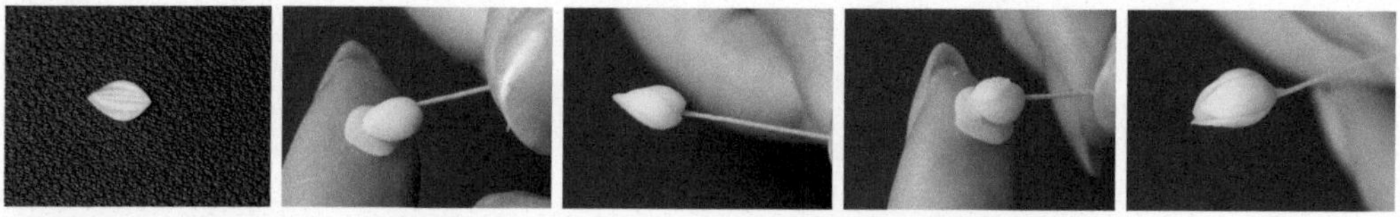

⑫ 按步骤07、08制作花瓣，再将花瓣紧密粘贴于花心上，外层的花瓣要压住里层的一部分进行包裹。

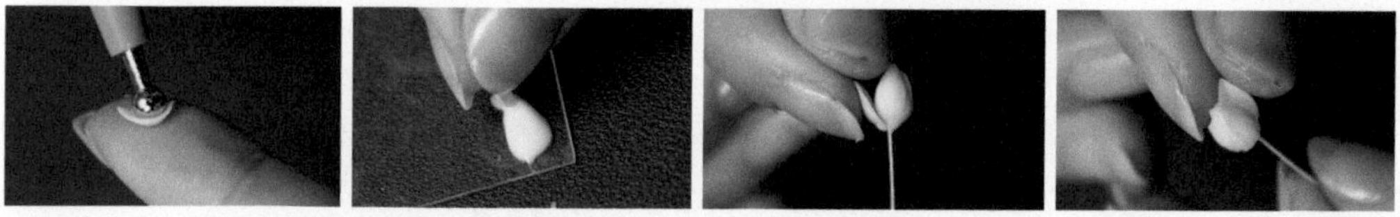

⑬ 最外面的一片花瓣，先用丸棒调整弧度，再粘贴于花心上，让其呈现稍微打开的姿态。

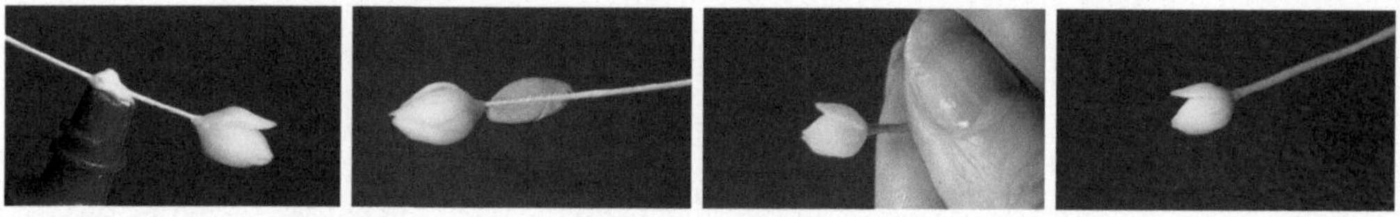

⑭ 在纸包铁丝上均匀地涂上白乳胶，用浅绿色的黏土将其包裹，旋转向下搓动以包裹均匀。

⑮ 取紫粉色油彩颜料，用毛笔蘸取颜料，由花瓣尖向里涂色，画出渐变色。

STEP 05 制作荷叶

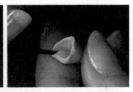

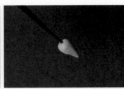

⑯ 取一块稍微大一点的浅绿色黏土，先将它搓成水滴形，再用开花棒从圆头中心插入，将黏土擀开。

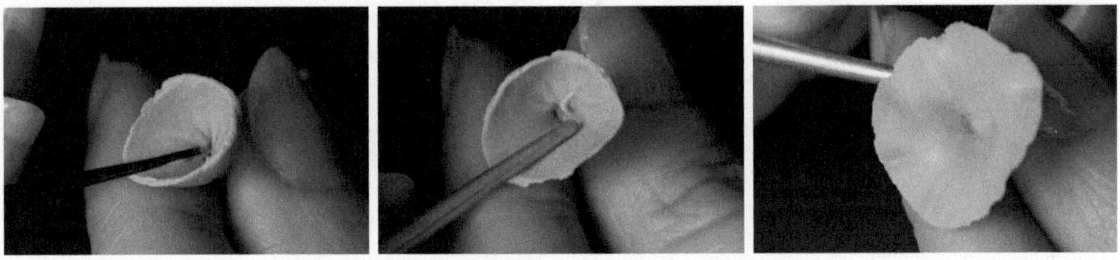

⑰ 稍微擀开后，再用粗一点的开花棒继续擀开、擀薄，直到完全打开。

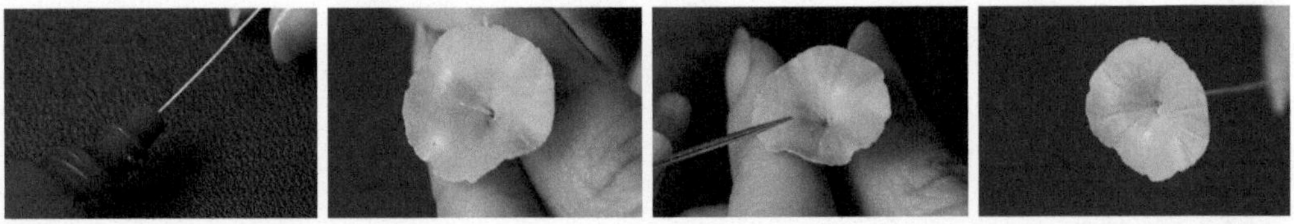

⑱ 取一根纸包铁丝，在顶端涂上白乳胶并由上至下插入叶片中心，直至到达底部固定；用细节针划压出荷叶的叶脉纹路。

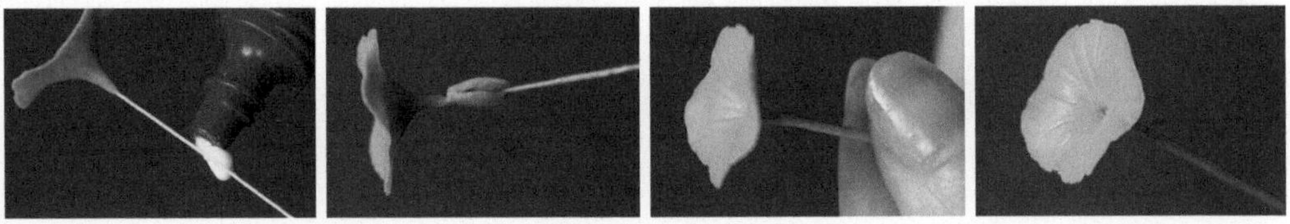

⑲ 在荷叶纸包铁丝上均匀地涂白乳胶，再用浅绿色的黏土均匀地将其包裹，可多旋转搓动一下，使包裹得更均匀。

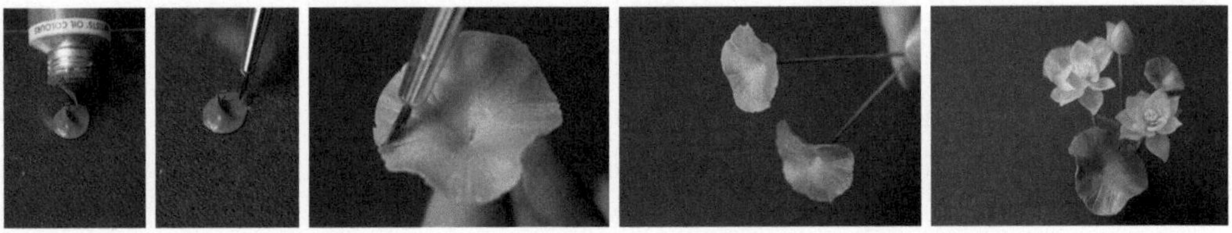

⑳ 取深绿色油彩颜料，用毛笔蘸取颜料从叶片边缘向中心涂色，涂出渐变色；再把制作好的荷花、花苞、荷叶组合。

彼岸花

◆花卉样本

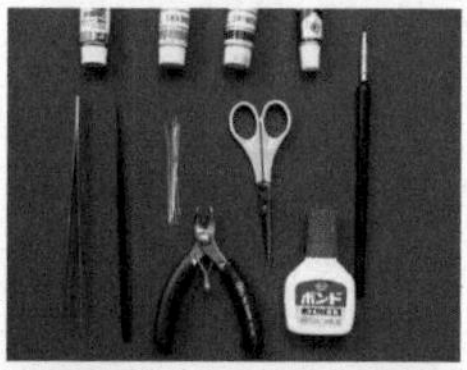

材料与工具

油彩颜料、丙烯颜料、镊子、开花棒、剪钳、纸包铁丝、剪刀、白乳胶、毛笔

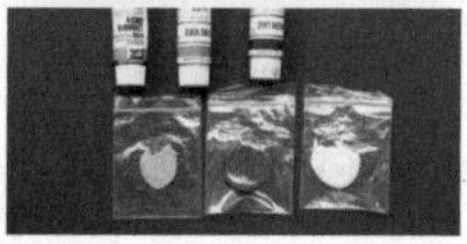

黏土颜色

浅绿色、浆果红色、白色

STEP 01 制作枝干

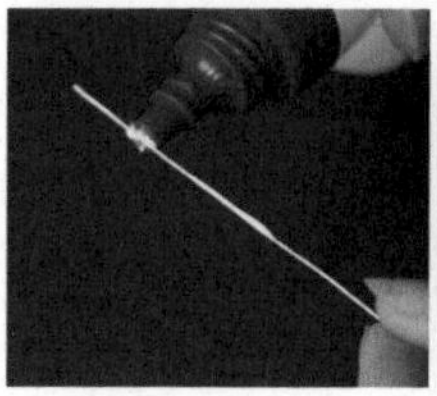

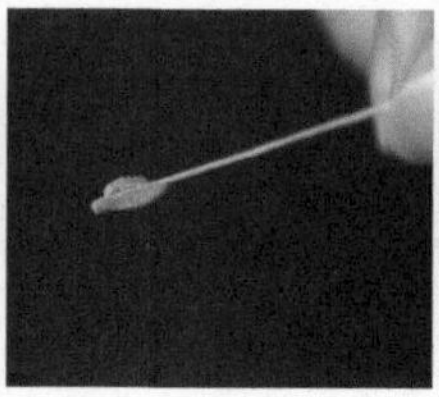

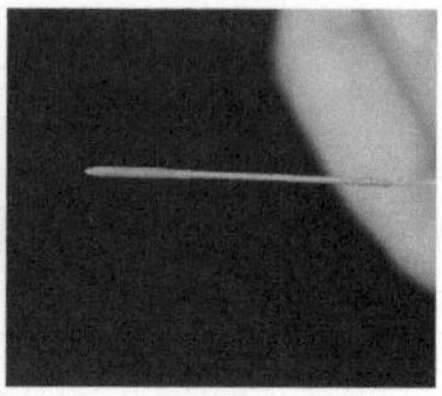

01 取一根纸包铁丝，先均匀地涂抹白乳胶，再用浅绿色的黏土将其包裹。

STEP 02 制作花瓣

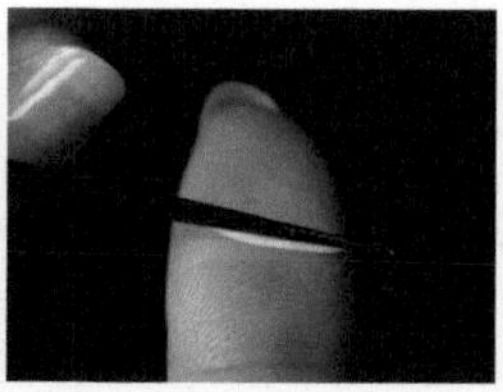

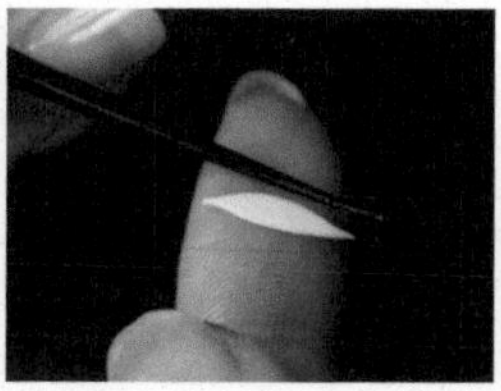

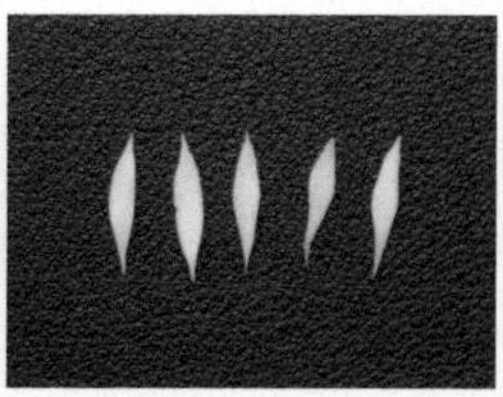

02 取白色的黏土搓成长梭形，用开花棒擀开制作成花瓣，一朵花有5片花瓣，用相同的方法做5片花瓣。

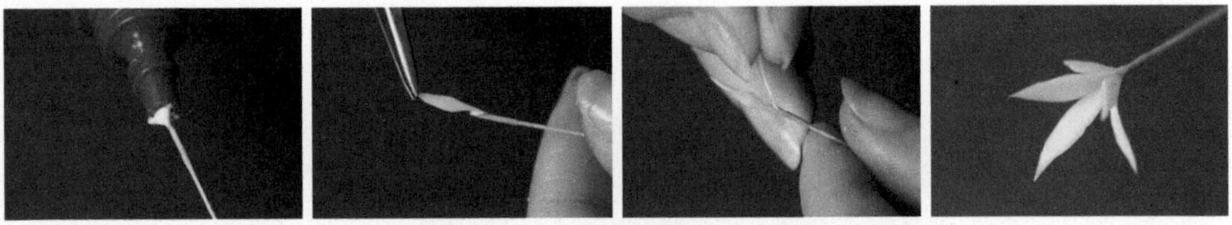

03 拿出步骤01制作好的枝干，在其顶端涂上白乳胶，围绕枝干顶端将5片花瓣均匀地粘贴。

04 用开花棒将花瓣向外弯曲出弧度，1朵花就制作完成了。一枝彼岸花有6朵小花，用相同的方法制作另外5朵花。

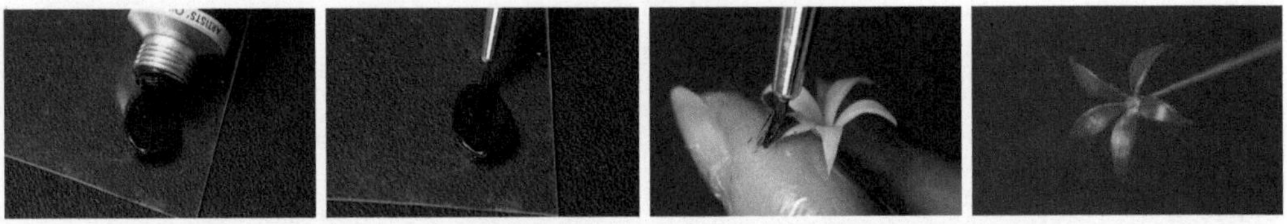

05 取酒红色油彩颜料，用毛笔蘸取颜料由花瓣顶端向花心涂色，稍微保留花心的白色形成渐变色。

06 花瓣顶端可补一次色，背面用相同的方法涂色。

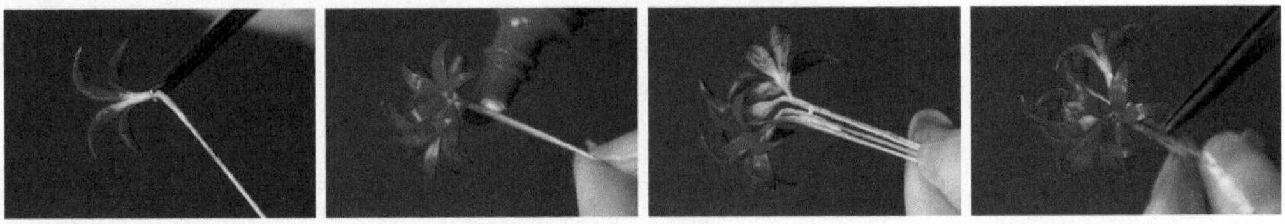

07 用镊子夹住花朵根部弯曲枝干，用相同的方法将6朵花的枝干弯曲好，再用白乳胶将6朵花粘贴在一起。

STEP 03 制作花蕊

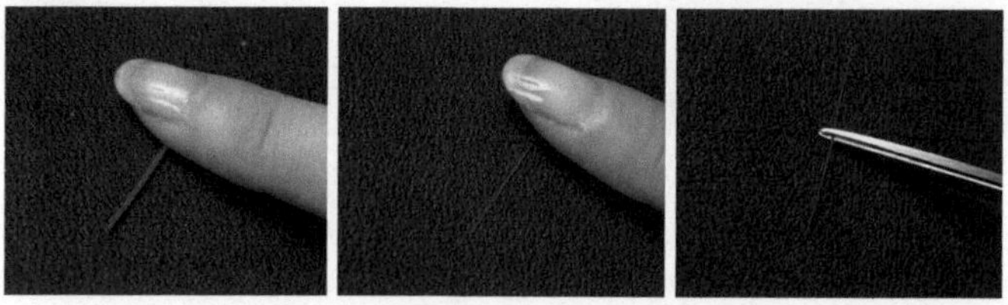

⑧ 取一小块浆果红色的黏土，搓成极细的条状，再剪成较长的小段作为花蕊备用。

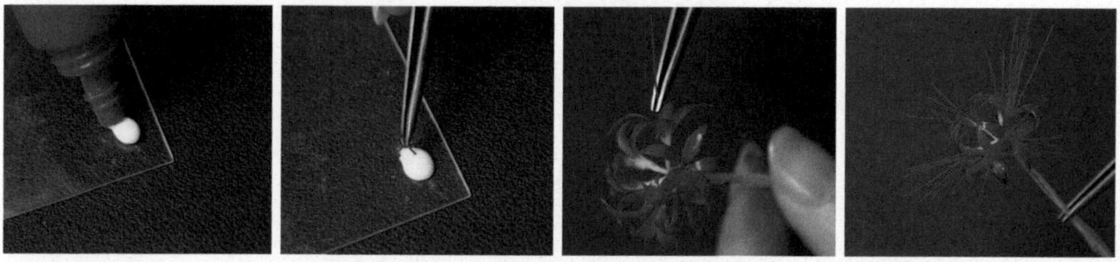

⑨ 挤出少许白乳胶，用镊子夹住花蕊蘸取白乳胶，将红色的花蕊插入每朵花的花心，一朵插8根左右。

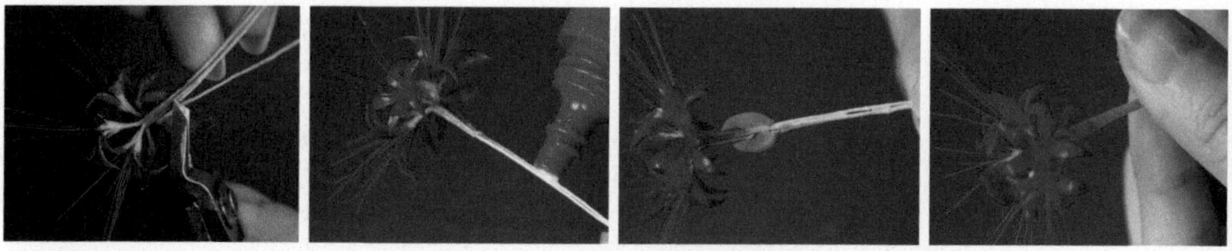

⑩ 用剪钳将多余的纸包铁丝剪掉，保留2根便可，再涂上白乳胶，用浅绿色的黏土均匀地将其包裹。

⑪ 用开花棒调整花蕊弯曲的弧度，让花蕊向内卷曲，形成向内环抱的形态。

⑫ 取黄色丙烯颜料，用毛笔蘸取颜料涂于花蕊顶端，彼岸花就制作完成了。

昙花

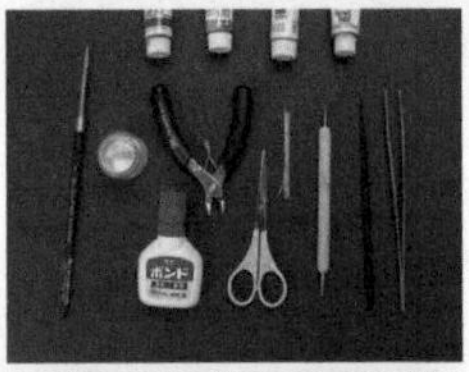

材料与工具

油彩颜料、开花棒、丸棒、剪钳、纸包铁丝、剪刀、白乳胶、毛笔、毛绒粉、镊子

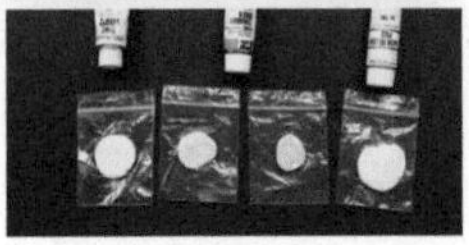

黏土颜色

白色、芽绿色、浅黄色

STEP 01 制作花蕊

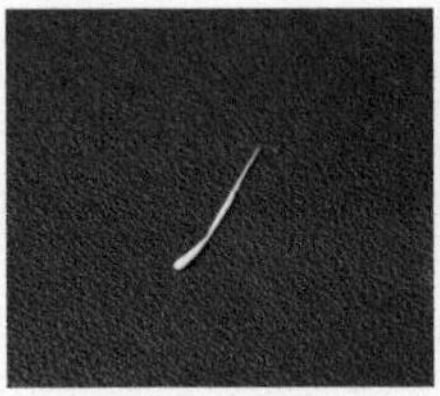
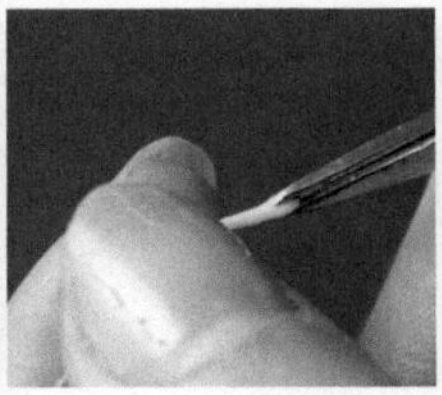
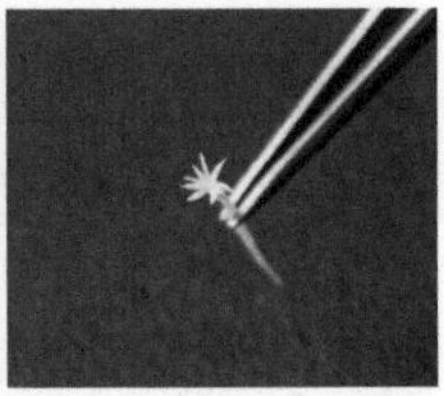

⓫ 取一小块白色黏土，搓成细长水滴形，将黏土圆头剪成8份左右。

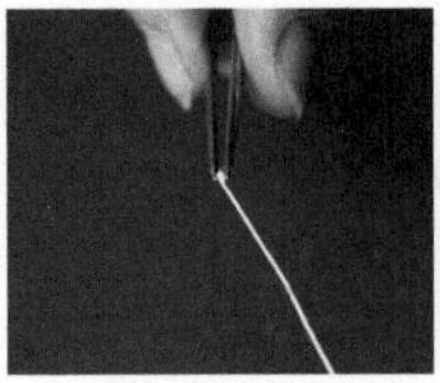
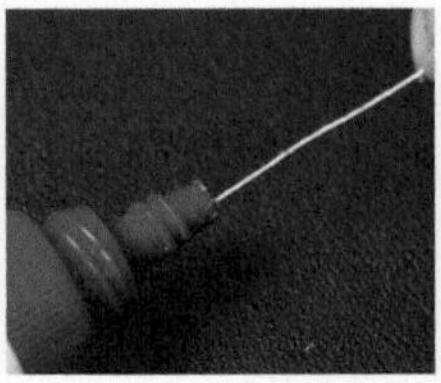
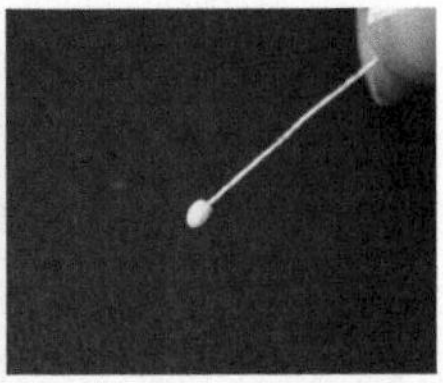

⓬ 取一根纸包铁丝，顶端弯曲成钩并涂白乳胶，取一块浅黄色黏土揉圆，将纸包铁丝有钩的一端插入其中。

03 将步骤01做好的花心剪成合适的长度，底端蘸取白乳胶，粘贴于黏土球上方。

04 将浅黄色的黏土搓成极细的条状，用剪刀剪成小段作花蕊备用。

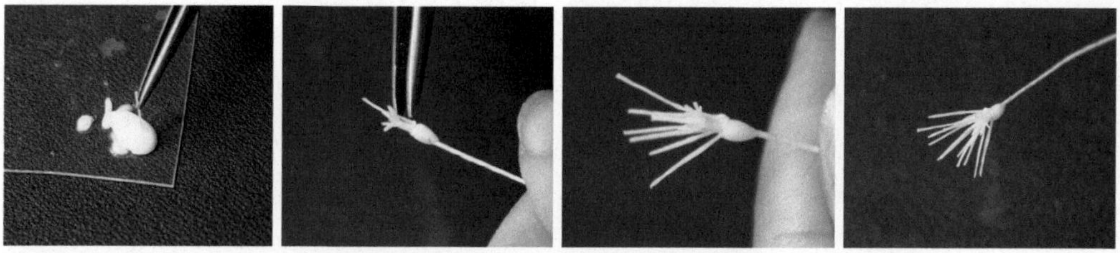

05 挤出少许白乳胶，用镊子夹住花蕊蘸取白乳胶，将花蕊一根根粘贴于花心周围，仅包裹半圈便可。

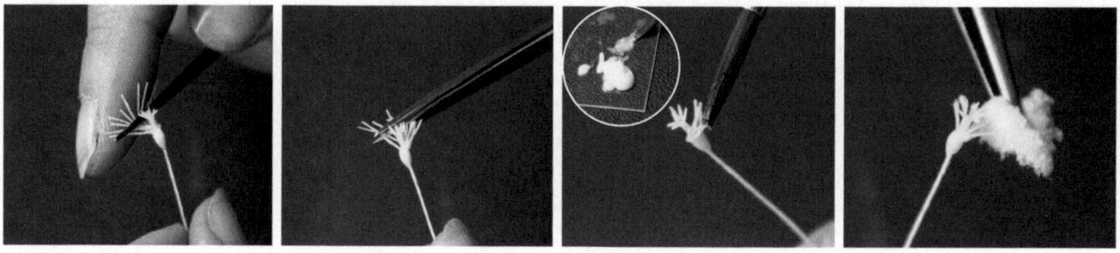

06 用开花棒调整花蕊弯曲的弧度，再剪去多余的部分；用毛笔蘸清水稀释白乳胶并涂到花蕊顶端，用镊子夹少许毛绒粉贴到花蕊顶端。

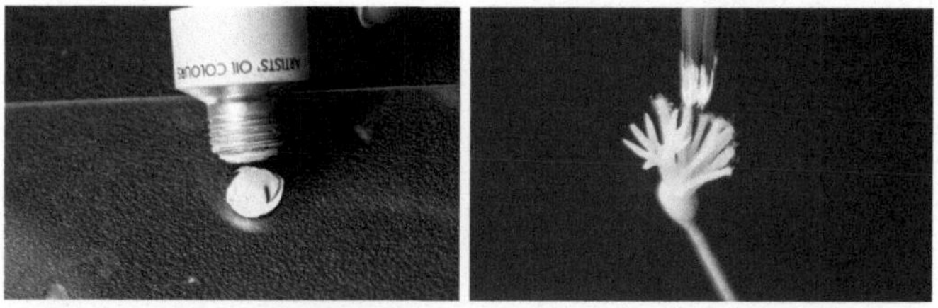

07 取柠檬黄油彩颜料，用毛笔蘸取颜料涂于花蕊上。

STEP 02 制作花朵

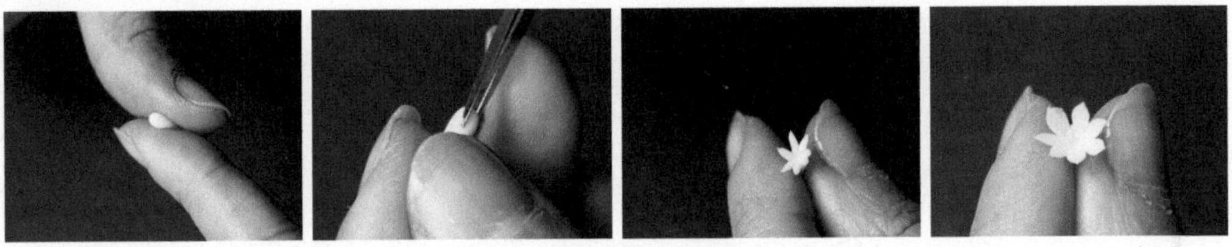

⑧ 取一小块白色黏土搓成水滴形，用剪刀把圆头剪成7份，用开花棒依次擀开。

⑨ 用丸棒调整花瓣造型，使其向内弯曲；将花蕊由上而下插入花瓣中心，在花蕊底部涂上白乳胶并与花瓣粘贴好。

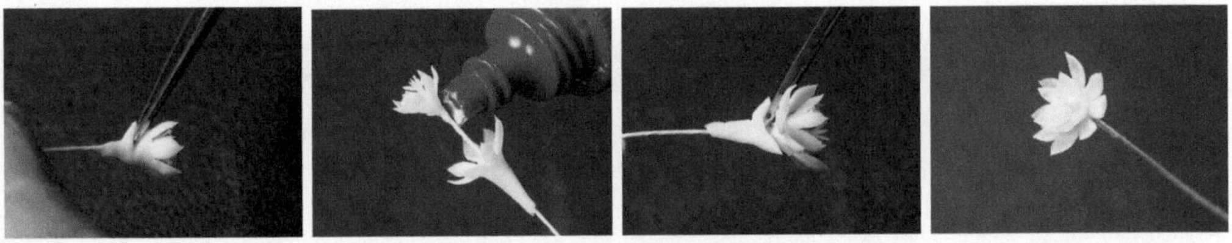

⑩ 用剪刀把花瓣底部多余的黏土剪去，并用手指把剪切面抚光滑；用同样的方式再做一片整体花瓣，这次花瓣剪成8份左右，且比第一层稍大；将其插入花蕊的纸包铁丝上，在第一层花瓣底部涂白乳胶并粘贴，剪去多余的黏土，将剪切面抚光滑。

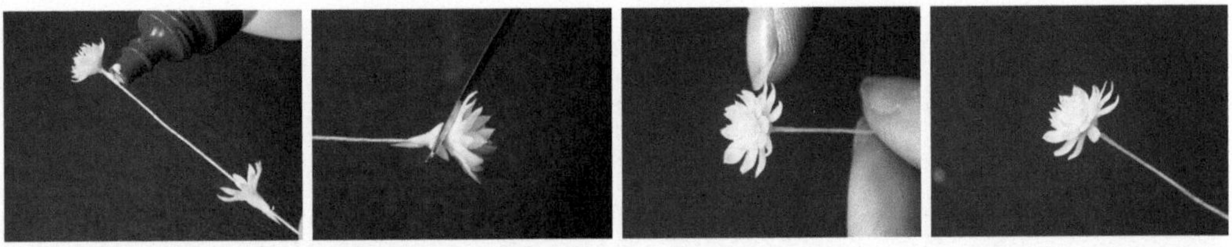

⑪ 加入第三层花瓣，制作的花瓣依次增大，这次剪成12份左右；也用同样的方法粘贴到第二层花瓣下，再剪去多余的黏土，将剪切面抚光滑并调整形状。

STEP 03 制作花萼

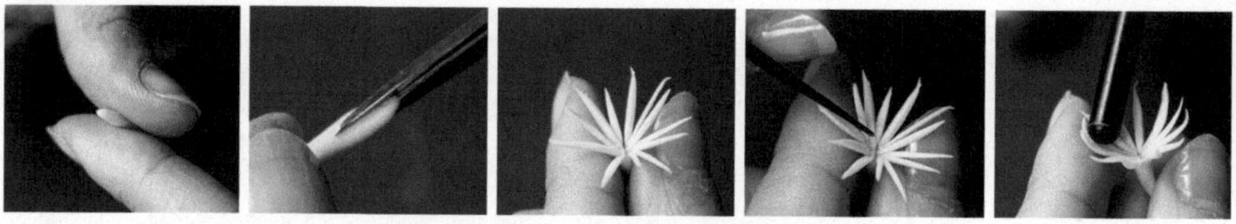

⑫ 取芽绿色黏土搓成细长梭形，用剪刀把梭形一端剪成12份左右，再用开花棒依次擀开，并用开花棒粗头调整形状，让萼片向内卷曲。

⑬ 用粘贴花瓣的方法粘贴花萼，用剪刀剪去其底部多余的黏土，并把剪切面抚光滑；再用同样的方法制作一片更大的花萼，再次粘贴好，调整形状。

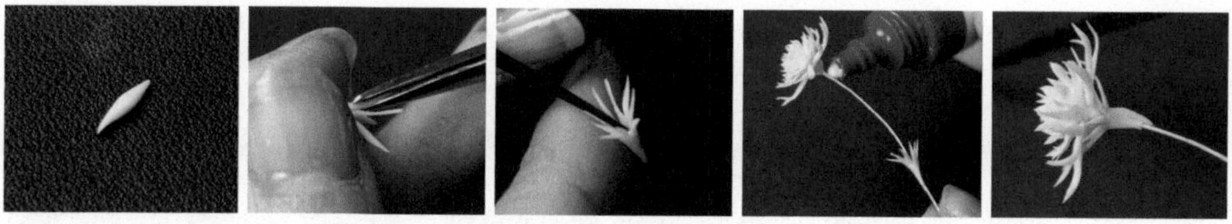

⑭ 取一小块芽绿色黏土搓成梭形，用剪刀将一端剪成8份左右，用开花棒擀开后将其粘贴到第二层花萼下。

⑮ 再取更小块的芽绿色黏土，这次剪成6份左右，擀开做出最小的花萼，同理涂白乳胶粘贴到第三层花萼下；剪去多余的黏土并将剪切面抚光滑，在纸包铁丝上均匀地涂白乳胶，用芽绿色黏土包裹。

⑯ 取灰红色油彩颜料，用毛笔蘸取颜料涂于第二层花萼的尖上，枝干也涂上一层灰红色油彩颜料。

第六章

唯美之隅 · 迷你黏土花制作

水仙

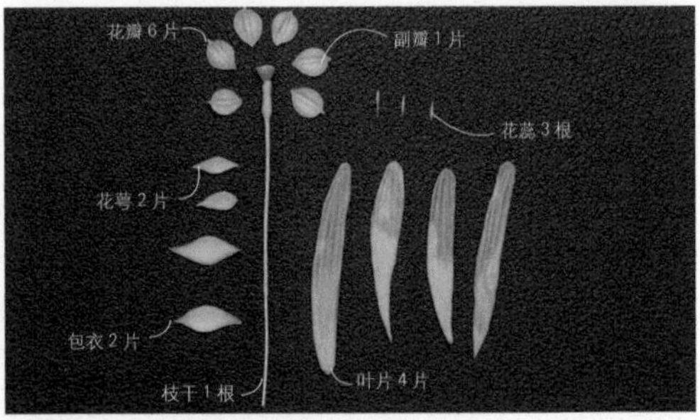

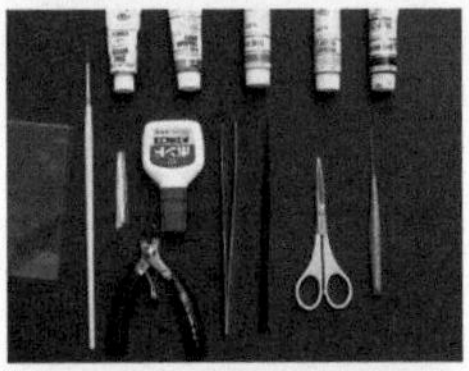

材料与工具

油彩颜料、毛笔、纸包铁丝、剪钳、白乳胶、镊子、开花棒、剪刀、细节针、亚克力板

黏土颜色

白色、芽绿色、浅绿色、藤黄色

STEP 01 制作副瓣和花蕊

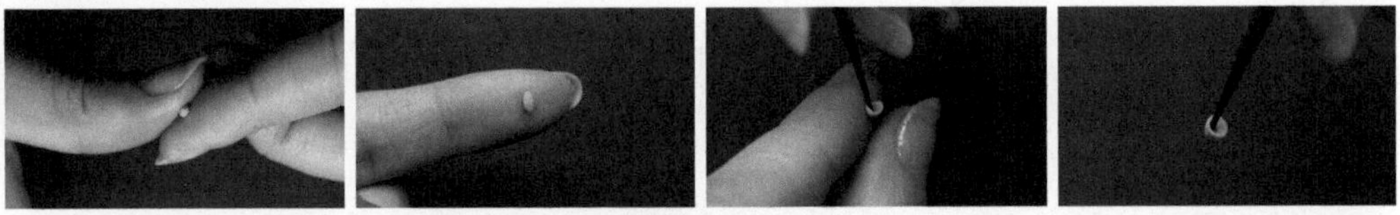

⓪❶ 取藤黄色的黏土搓成水滴形，将开花棒插入水滴形黏土的圆头中心，再将其擀开成碗状，副瓣的基础形状就出来了。

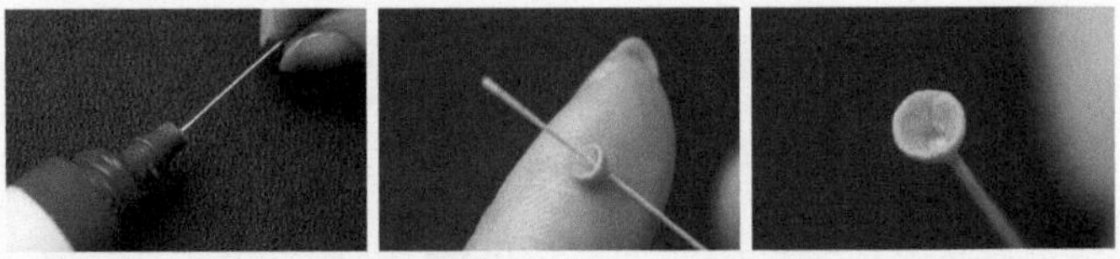

⓪❷ 取一根纸包铁丝，在顶端涂白乳胶，自上而下插入副瓣中心，到副瓣底部与纸包铁丝固定。

⓪❸ 取极小一块藤黄色黏土搓成水滴形作花蕊，搓3枚晾干待用；用镊子夹住花蕊圆头，用尖头蘸取白乳胶粘贴于花心，用相同的方法把3枚花蕊粘贴好。

STEP 02 制作花瓣

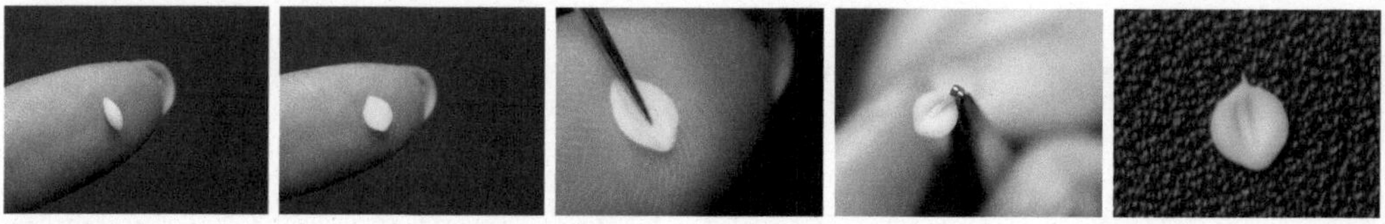

04 取一小块白色黏土搓成梭形，再用开花棒擀开，用细节针在花瓣中轴线两侧划压两条纹路，用镊子将花瓣顶端夹出尖尖。

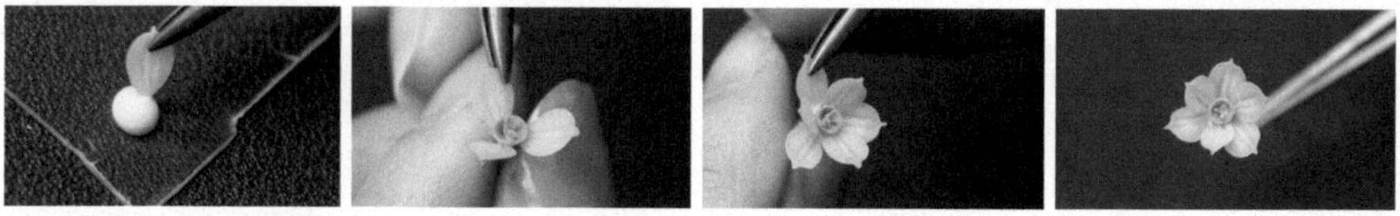

05 用镊子夹住花瓣，在花瓣底部蘸上白乳胶，围绕副瓣均匀地粘贴3片花瓣作第一层花瓣，在第一层花瓣间隙粘贴第二层的3片花瓣。

STEP 03 制作枝干

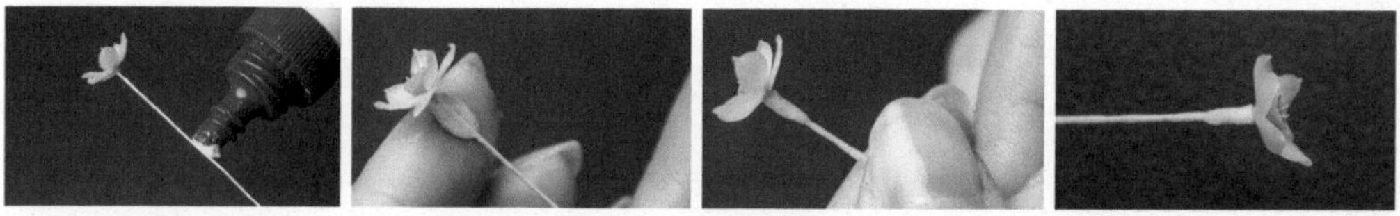

06 在纸包铁丝上均匀地涂白乳胶，用芽绿色的黏土将其包裹，靠近花朵的一段稍粗一点，远离的一段细一点。

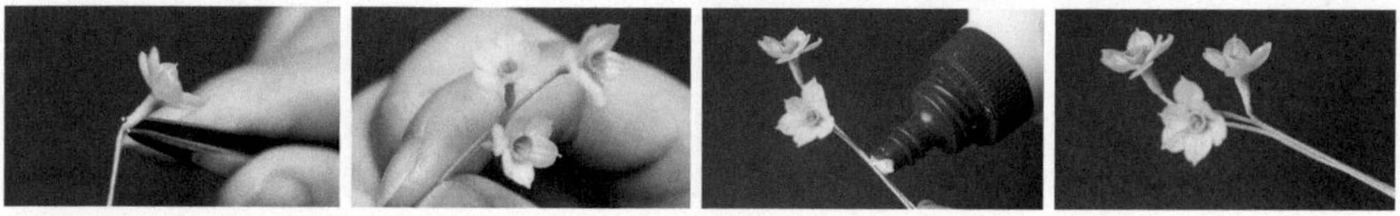

07 轻轻弯曲枝干粗细交接的地方，将三朵水仙花上下错落地排好，涂上白乳胶并粘贴好。

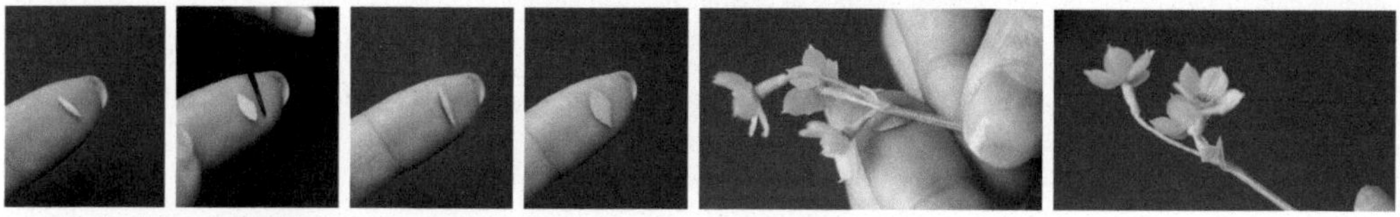

08 取芽绿色与浅绿色的黏土，先搓成梭形再擀成梭形叶片，将叶片包裹于花朵交接的部位。

09 在主干上涂上白乳胶，用浅绿色黏土包裹枝干。

STEP 04 制作叶片

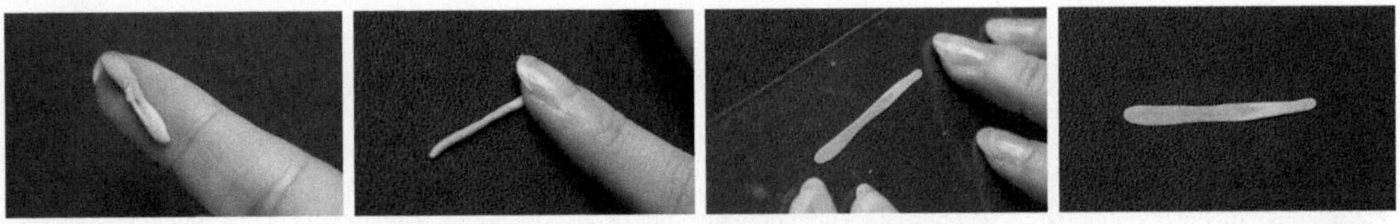

❿ 取浅绿色与芽绿色的黏土头尾相接搓成长条，将长条放置于桌面上，用亚克力板按压成片状，一片渐变色的叶片就制作好了。

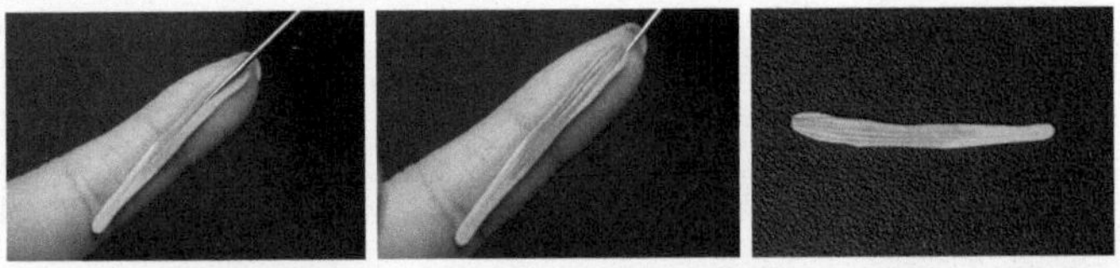

⓫ 用细节针划压出叶片的纹理。

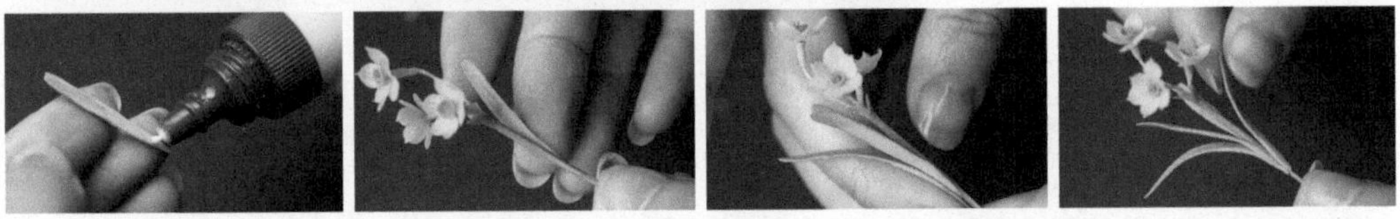

⓬ 在叶片底部涂上白乳胶，将叶片底部粘贴于主干上；再做一些长短各异的叶片，按照不同方向包裹并粘贴于主干上，粘贴3至4片便可。

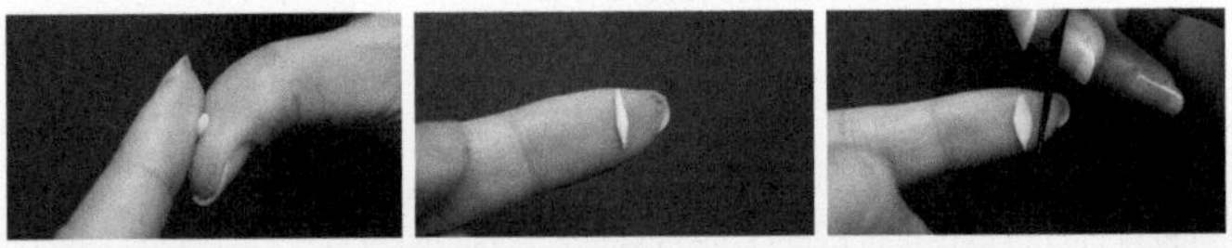

⓭ 取一小块白色黏土，先搓成梭形再擀开成梭形叶片。

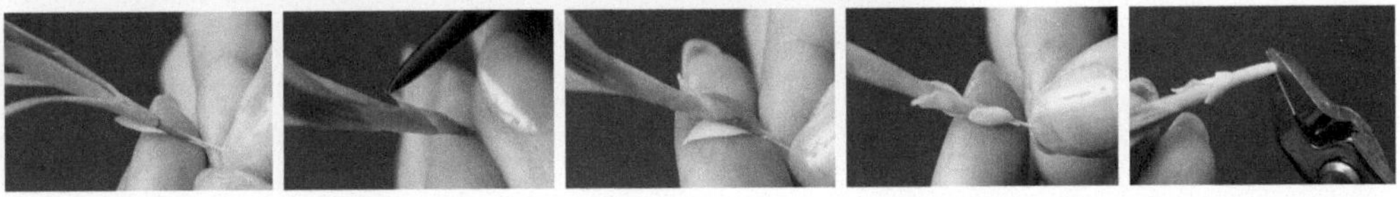

⓮ 将白色的梭形叶片粘贴于叶片的底端做成包衣，粘贴时一片压一片，粘贴2片左右；再用白色黏土包裹包衣下面的纸包铁丝，用剪钳剪去多余的铁丝。

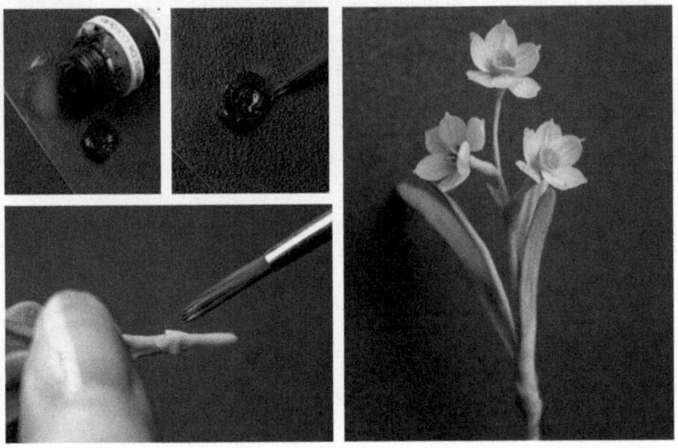

⓯ 取棕色的油彩颜料，用毛笔蘸取颜料给白色的包衣涂上棕色。

玉兰

◆花卉样本

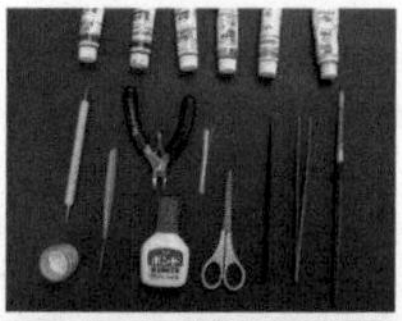

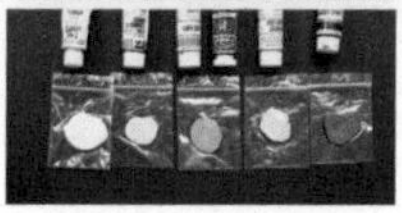

材料与工具

油彩颜料、毛笔、纸包铁丝、剪钳、白乳胶、镊子、开花棒、剪刀、细节针、毛绒粉、丸棒

黏土颜色

白色、芽绿色、橄榄绿色、藤黄色、棕色

STEP 01 制作花蕊

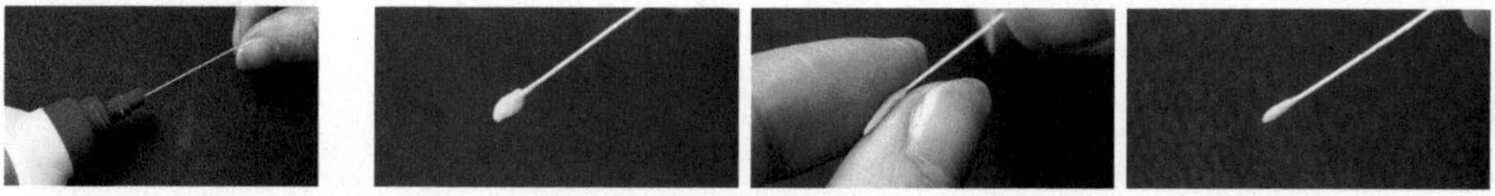

⓵ 取一段纸包铁丝，在顶端涂白乳胶，再取极小的一块芽绿色黏土，包裹于纸包铁丝顶部，形成水滴形。

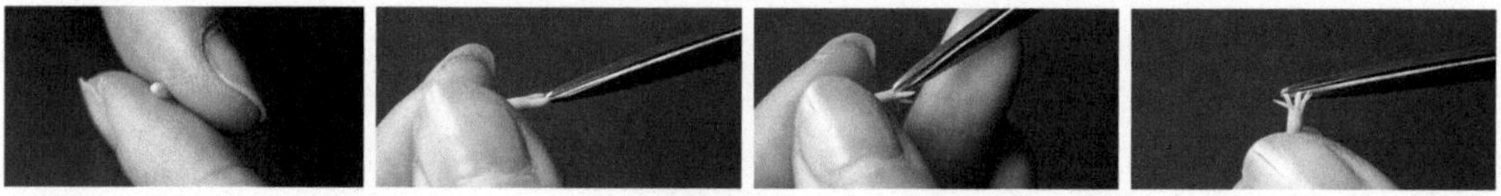

⓶ 取一小块藤黄色的黏土搓成水滴形，用剪刀把圆头剪成10份左右，再把每一份的尖剪平。

⓷ 在步骤01制作好的花心底端涂白乳胶，再将藤黄色花蕊穿过纸包铁丝粘贴到花心底部；剪去花蕊底部的多余黏土，再调整形状。

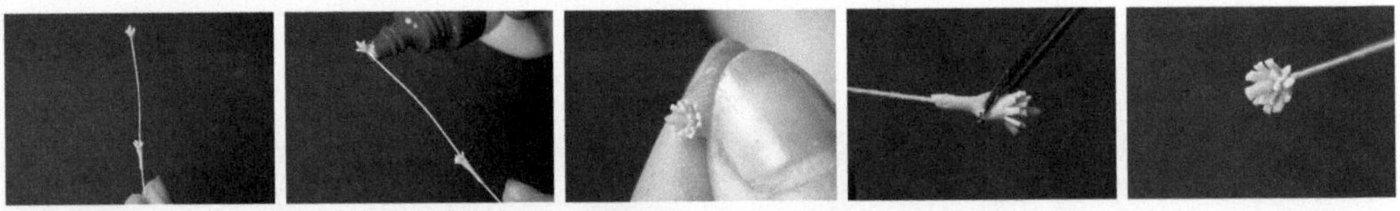

⓮ 重复之前的花蕊制作步骤，再做一层花蕊；同理粘贴好，并调整形状。

STEP 02 制作花瓣

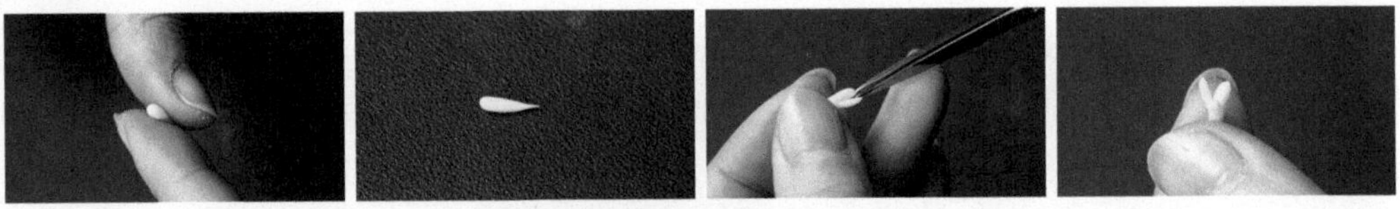

⓯ 取白色的黏土搓成水滴形，用剪刀把水滴形黏土的圆头均匀剪成3份。

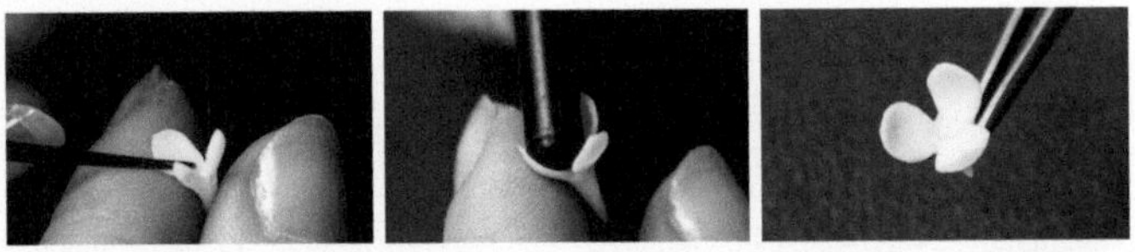

⓰ 用开花棒依次擀开，调转开花棒，用粗头调整花朵弯曲的弧度，让花瓣内凹。

⓱ 将之前做好的花蕊由上而下插入花瓣中心，再涂白乳胶粘贴固定，剪去花瓣底部多余的黏土并抚平剪切面。

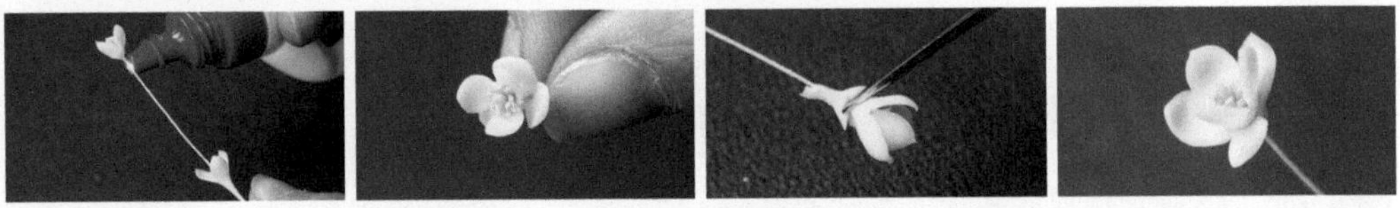

⓲ 重复步骤05、06、07，再做一层整体花瓣；注意粘贴时，第二层花瓣与第一层花瓣要错开，最后调整形状。

⓳ 在纸包铁丝上涂白乳胶，用棕色黏土将其包裹 。

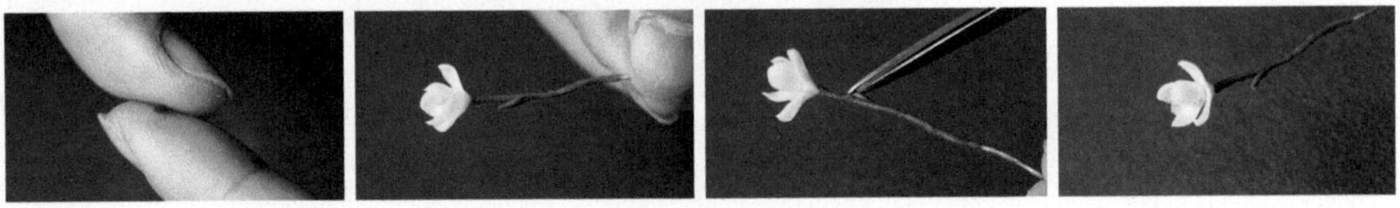

⓴ 取棕色的黏土搓成小枝丫，将其粘贴于主干上，用镊子调整形状。

STEP 03 制作叶片

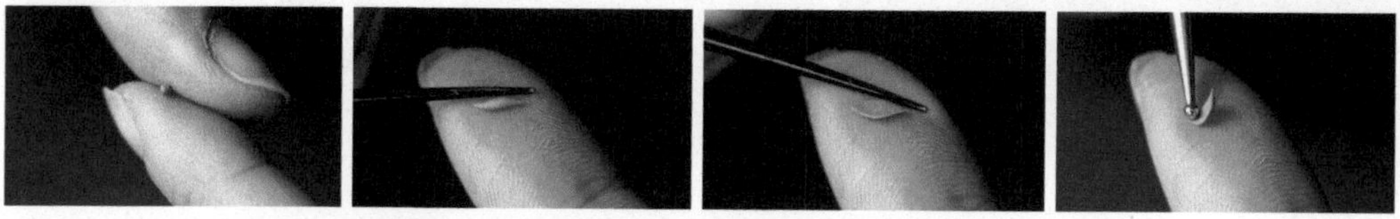

⑪ 取一小块橄榄绿色的黏土搓成梭形，再用开花棒擀开成梭形叶片，用丸棒把叶片压出弯曲弧度。

⑫ 用镊子夹住叶片顶部，在叶片底部涂白乳胶粘贴于花朵底部，粘贴两片便可。

STEP 04 上色和上粉

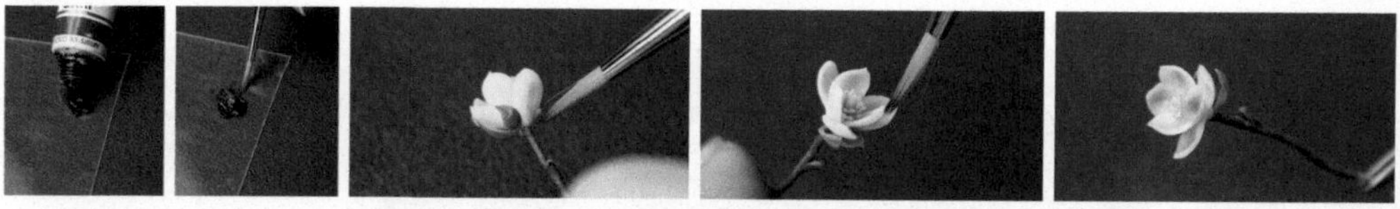

⑬ 取紫红色的油彩颜料，用毛笔蘸取少许颜料，在每片花瓣的中轴线位置涂色，涂色时正反面都需上色。

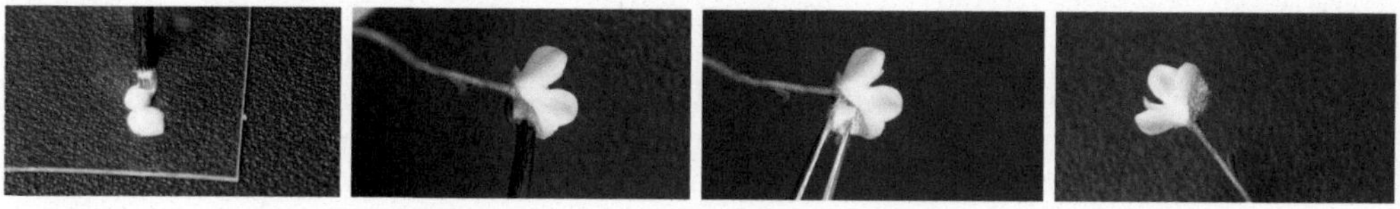

⑭ 用蘸有清水的毛笔稀释白乳胶，将白乳胶涂到叶片上，趁白乳胶未干用镊子夹少许毛绒粉粘贴到叶片上。

⑮ 取一小块芽绿色黏土搓成水滴形，在分枝顶端涂上白乳胶，把芽绿色的水滴形黏土粘贴到分枝上作新芽。

⑯ 用蘸清水的毛笔稀释白乳胶，将白乳胶均匀地刷在新芽上，再蘸取毛绒粉粘贴到新芽上。

STEP05 制作花苞

⑰ 取极小的一块白色黏土，先搓成水滴形；取一根纸包铁丝，在顶端涂白乳胶，再插入水滴形黏土的圆头。

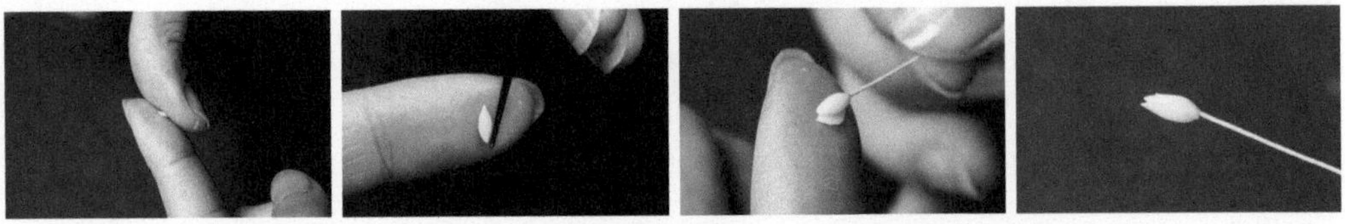

⑱ 取极小的一块白色黏土搓成梭形，用开花棒擀开做成单片花瓣，将单片花瓣粘贴于花心上。

⑲ 在纸包铁丝上均匀地涂上白乳胶，取棕色黏土将其包裹；再用毛笔蘸取紫红色油彩颜料，由顶端向底端给花苞涂浅浅的一层颜色。

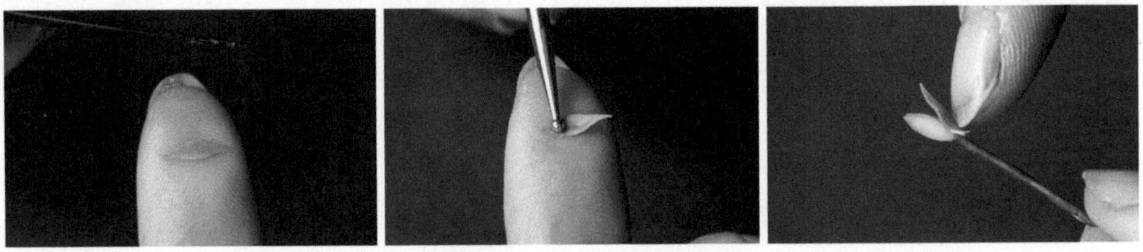

⑳ 取橄榄绿色黏土搓成梭形再擀开，用丸棒调整弯曲弧度做成带有弧度的叶片，再将其贴于花苞底部。

STEP 06 制作枝丫

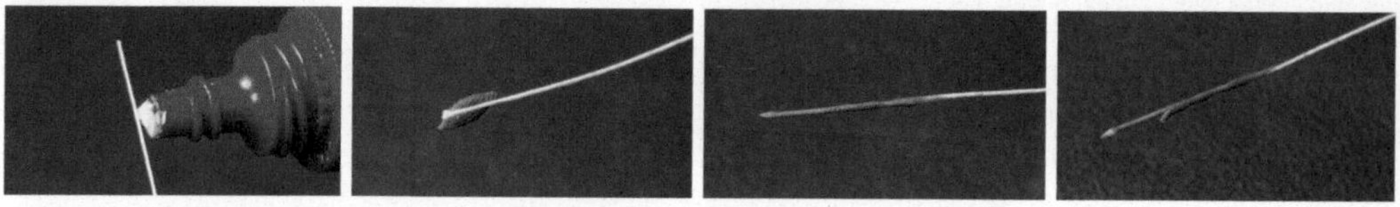

㉑ 取一段纸包铁丝均匀地涂上白乳胶，用棕色黏土将其包裹做成玉兰的枝干，同时用一小块棕色的黏土做出枝干的分杈。

㉒ 取一小块芽绿色黏土搓成水滴形，粘贴于枝干顶端；在小芽苞表面涂上白乳胶后粘贴毛绒粉。

㉓ 用剪钳倾斜剪切枝丫，剪切面涂白乳胶后粘贴于花苞枝干上。

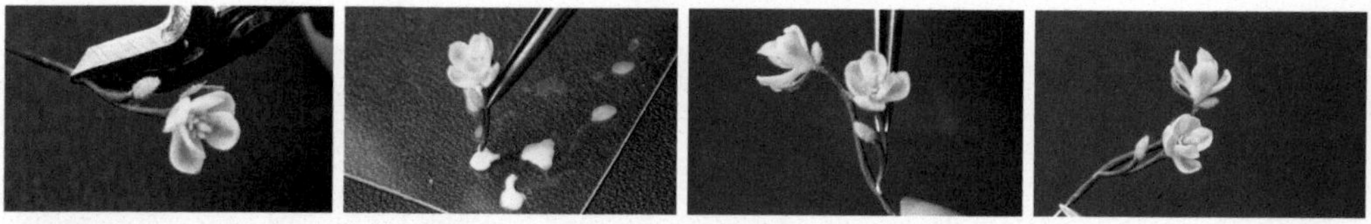

㉔ 同理用剪钳倾斜剪切花朵枝干，剪切面涂白乳胶粘贴于另一朵花的主干上。

㉕ 将组合的花朵与组合的花苞组合粘贴，用棕色的黏土包裹枝干。

兰花

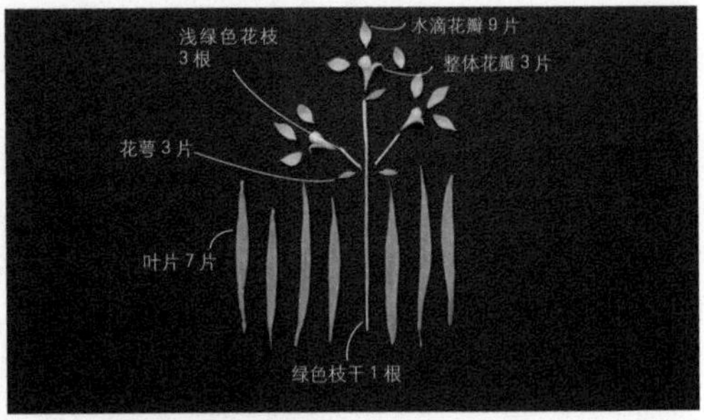

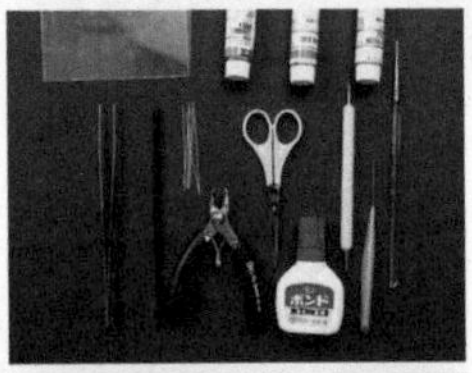

材料与工具

颜油彩料、亚克力板、镊子、开花棒、纸包铁丝、剪钳、剪刀、白乳胶、丸棒、细节针、毛笔

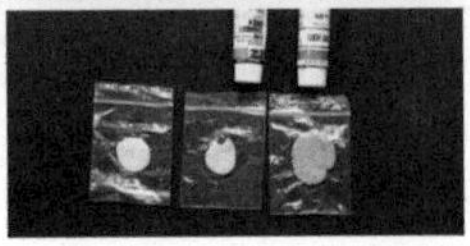

黏土颜色

浅黄色、芽绿色、浅绿色

STEP 01 制作叶片

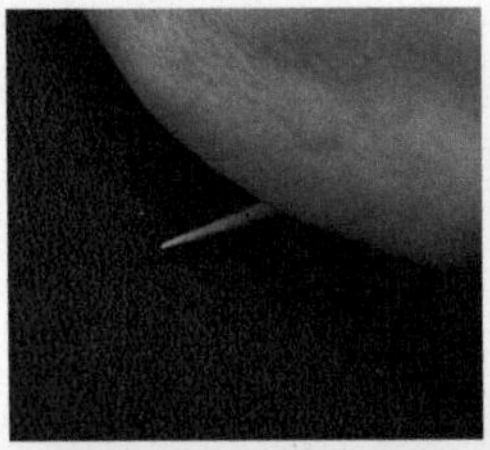

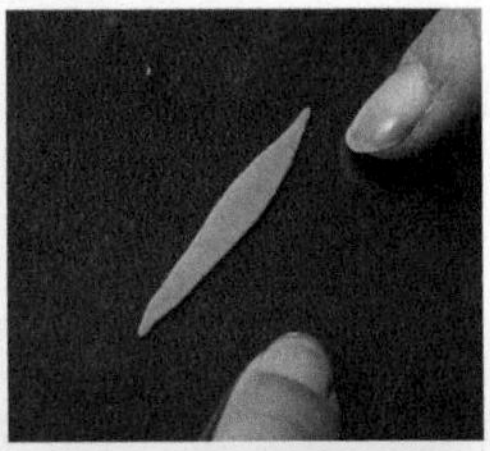

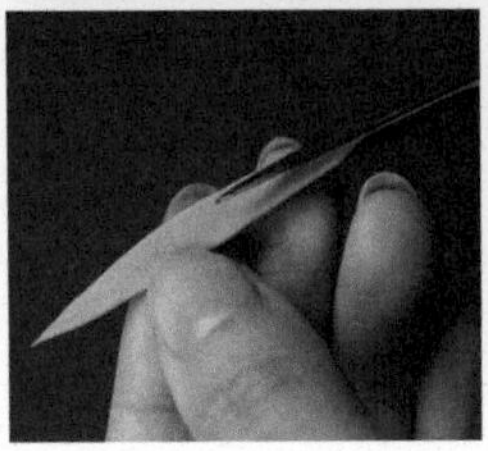

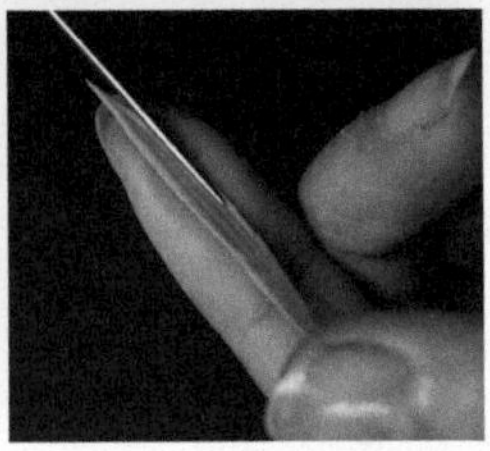

❶ 取浅绿色的黏土搓成长条状的梭形，将其放于干净的桌面上，用亚克力板按压成片；再用剪刀修剪多余的部分，用细节针在薄片表面划压出纹路，放在纸筒上晾干定型。

小提示

兰花的叶片是有弯曲弧度的，制作好叶片之后，让它在纸筒上晾干，可做出一定的弧度。

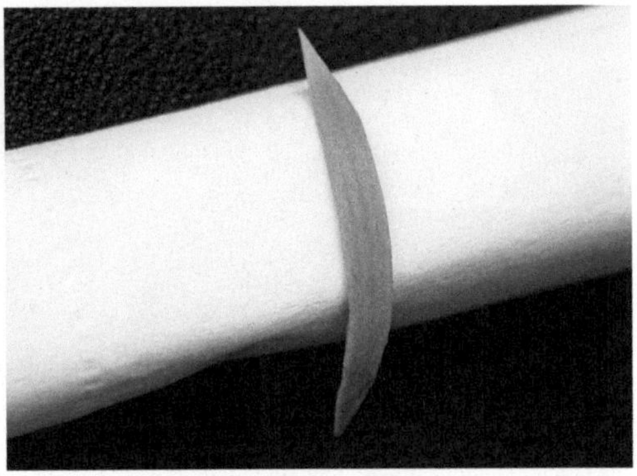

STEP 02 制作花朵

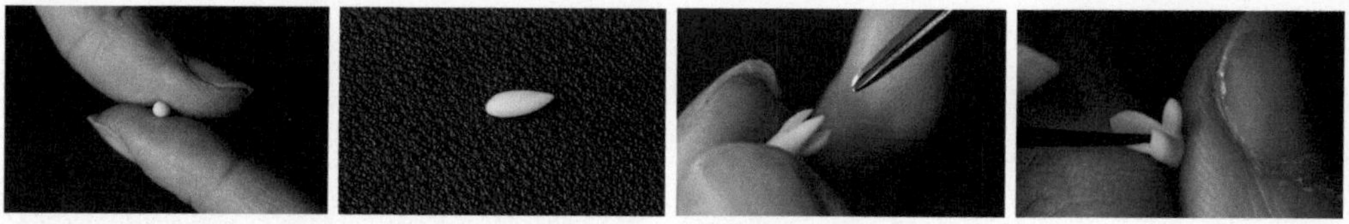

02 兰花的颜色需要用现有的黏土混色，取浅黄色黏土加少量芽绿色黏土混合做出浅芽绿色黏土；取浅芽绿色黏土搓成水滴形，用剪刀将水滴形黏土的圆头剪成3份，用开花棒把分叉擀开。

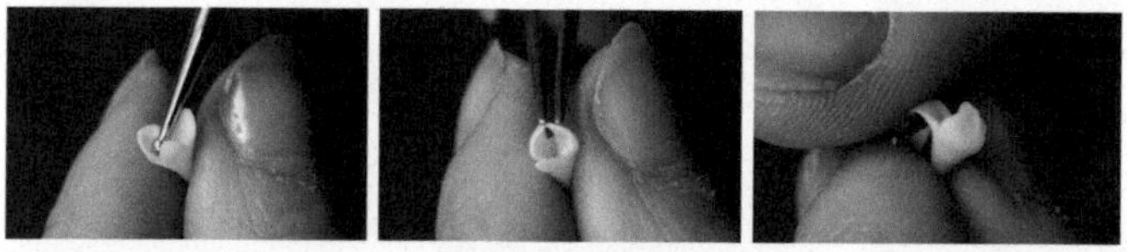

03 用丸棒将其中两片压出弧度，并用镊子夹住尖端让它们向中间聚拢；另外一片花瓣用开花棒向外弯曲出弧度。

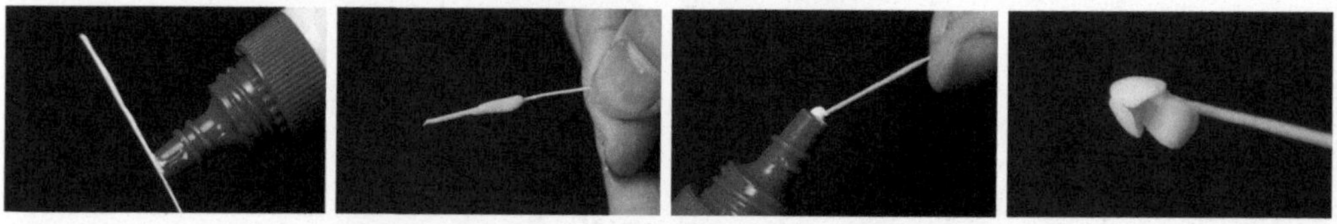

04 取一段纸包铁丝涂上白乳胶，用浅芽绿色的黏土包裹做成枝干，在枝干顶端涂上白乳胶，再将其插入制作好的花心尾端。

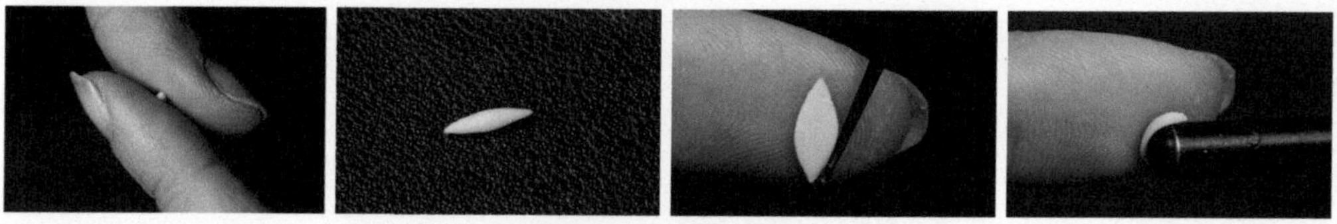

05 取一小块浅芽绿色黏土，先搓成梭形再擀开成梭形花瓣；用开花棒的粗头在花瓣中心压出弧度，用相同的方法做出3片花瓣。

06 花瓣稍微晾干后，用镊子夹住花瓣在一端蘸取白乳胶；将花心转到背面，将3片花瓣均匀地粘贴于花心周围。

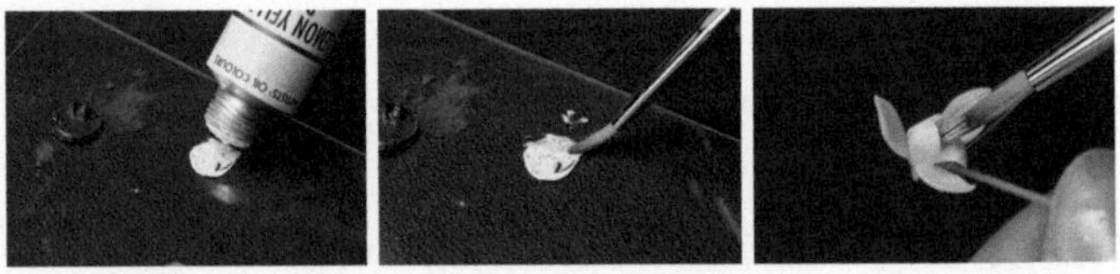

⑦ 取柠檬黄油彩颜料，用毛笔蘸取颜料涂于兰花花心处。

STEP 03 组合植株

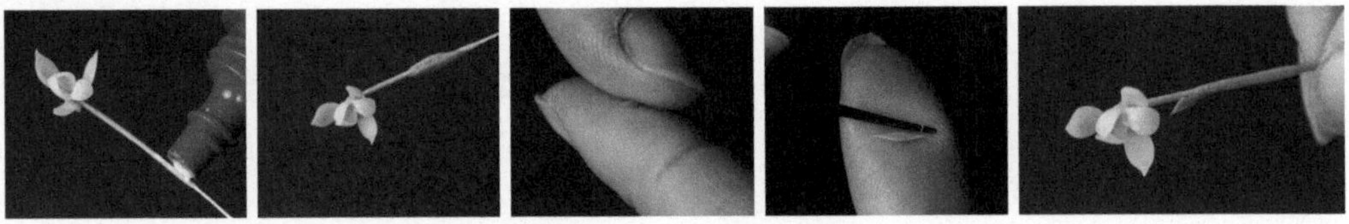

⑧ 在纸包铁丝上涂白乳胶，用浅绿色的黏土包裹其下方；取一小块浅绿色的黏土搓成梭形再擀开成梭形叶片，将叶片粘贴于枝干深浅颜色交接的地方。

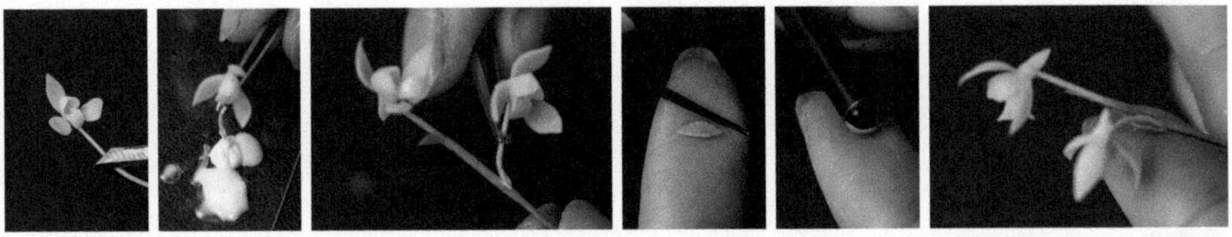

⑨ 再做一朵兰花，用剪钳倾斜剪切枝干，在枝干的剪切面涂白乳胶并粘贴于主干上；取浅绿色的黏土做一片梭形叶片，用开花棒粗头将叶片压出一定的弧度，同理将其粘贴于枝干与主干的交接处。

⑩ 用相同的方法向下再错落粘贴一朵兰花，将白乳胶均匀地涂抹在主干上，用浅绿色的黏土均匀地包裹枝干。

⑪ 将晾好的叶片用白乳胶错落地粘贴于主干上，注意叶片方向，兰花就制作完成了。

茉莉

◆花卉样本

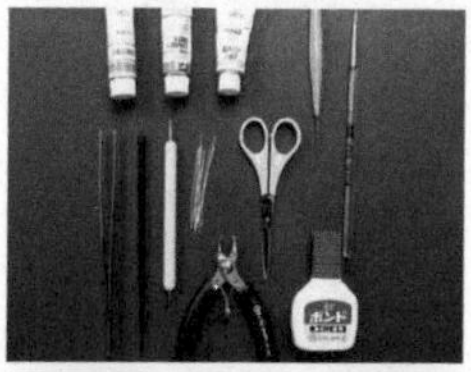

材料与工具

油彩颜料、镊子、开花棒、丸棒、纸包铁丝、剪钳、剪刀、白乳胶、细节针、毛笔

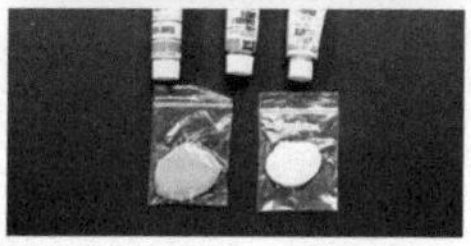

黏土颜色

浅绿色、白色

STEP 01 制作花朵

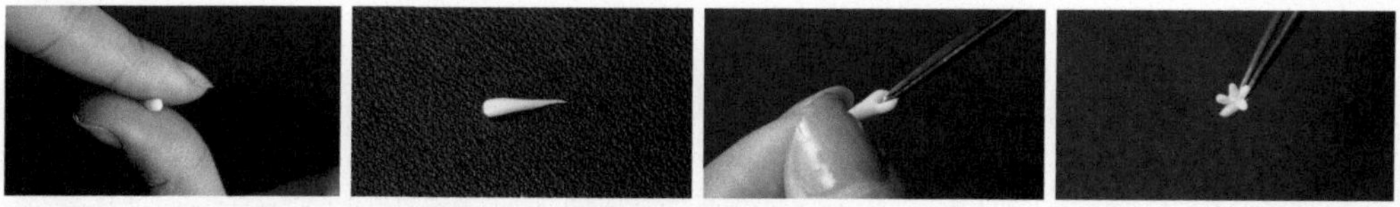

01 取一小块白色黏土搓成细长的水滴形，用剪刀把水滴形圆头剪成5份。

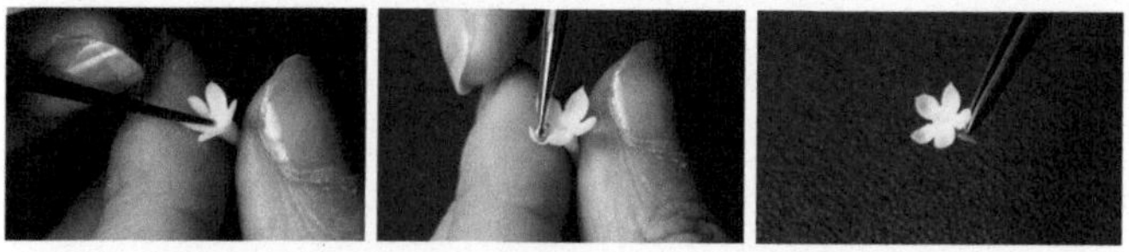

02 将分叉靠在左手食指上，用开花棒依次旋转擀开；再用丸棒压出花瓣向内弯曲的弧度。

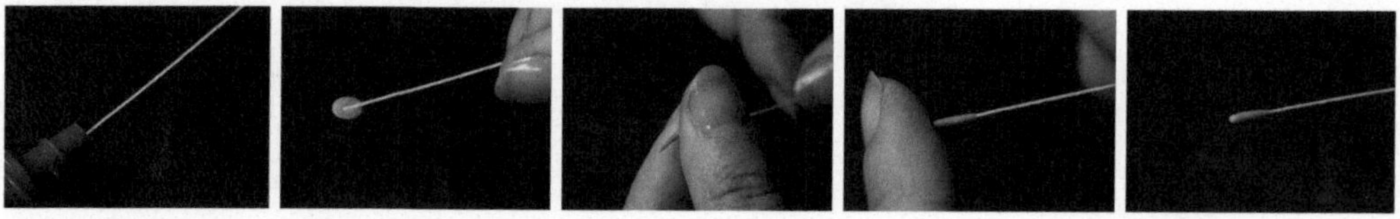

03 取一段纸包铁丝，在顶端涂白乳胶，取浅绿色黏土包裹纸包铁丝顶端，做成水滴形状作为茉莉的花蕊。

04 按步骤01、02再做一片花瓣，用剪刀把底端多余的黏土剪去，在花瓣底端剪切面涂白乳胶再粘贴于之前花瓣的上方，用丸棒按压调整形状。

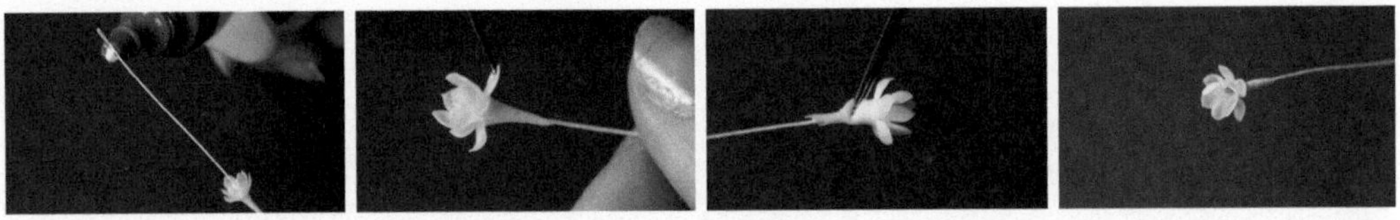

05 取步骤03制作好的花蕊，将其由上而下插入花瓣中心，在花蕊底部涂上白乳胶与花瓣粘贴固定好，调整一下外侧花瓣形状，剪去底部多余的黏土并把剪切面抚平。

STEP 02 制作花萼和枝干

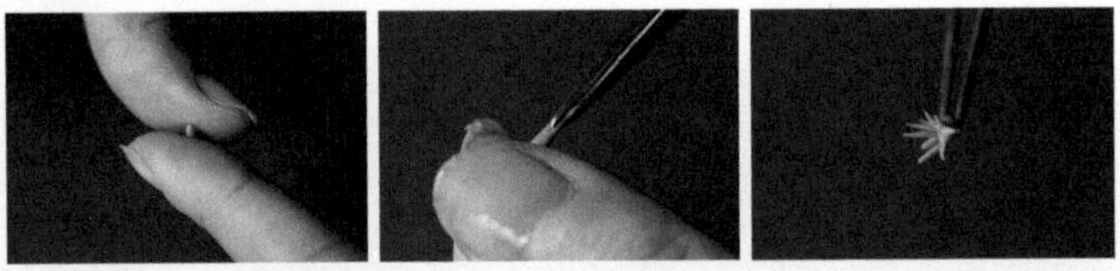

06 取一小块浅绿色黏土搓成水滴形，用剪刀把尖头剪成8份作花萼。

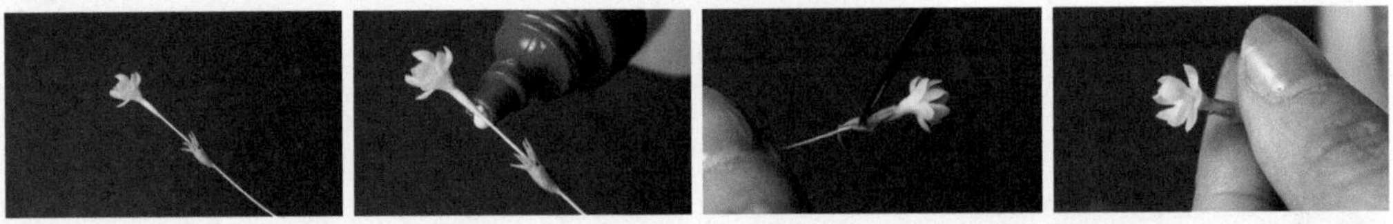

07 将花朵的纸包铁丝由上而下插入花萼中心，在花朵底部涂上白乳胶，把花萼推到花朵底部粘贴固定；用剪刀把花萼底部多余的黏土剪去，再用手指抚平剪切面。

08 继续向下给纸包铁丝涂上白乳胶，取一块浅绿色黏土由花萼底部开始将其包裹，制作枝干。

STEP 03 制作花苞

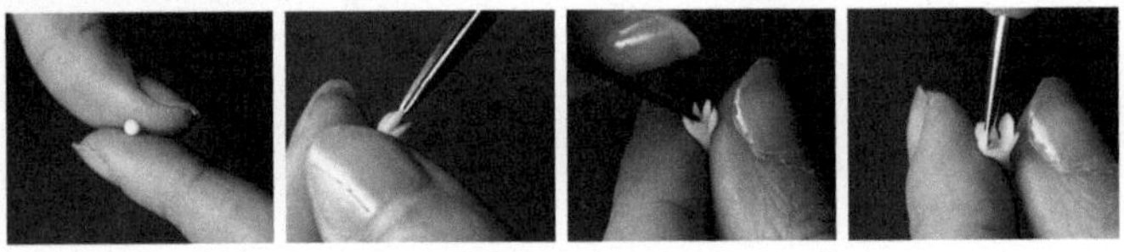

09 取一块白色黏土，搓成水滴形，将圆头剪成5份，用开花棒擀开，并用丸棒调整弯曲弧度。

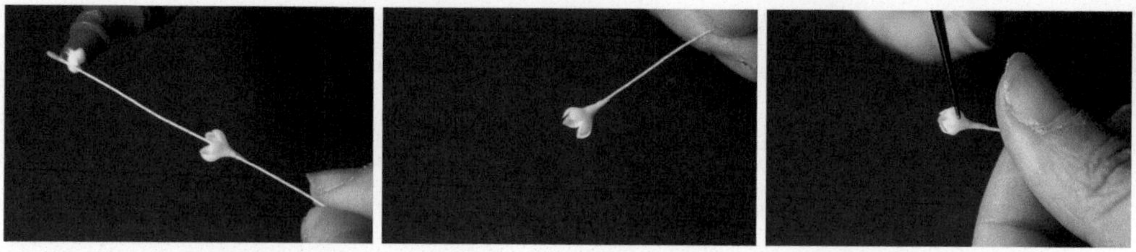

⑩ 按照步骤03制作花蕊并插入花瓣中心，到花蕊底部时用白乳胶粘贴固定；用开花棒将花瓣合拢，做成半开花苞。

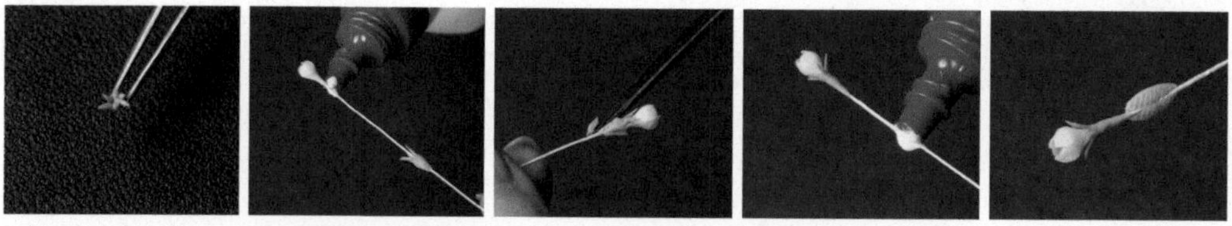

⑪ 取浅绿色黏土做出花萼，在花苞底部涂白乳胶并将纸包铁丝插入花萼，让花萼粘贴到花苞下；用剪刀把花萼底部多余的黏土剪去，用手指把剪切面抚平；在纸包铁丝上均匀地涂抹白乳胶，用浅绿色的黏土包裹。

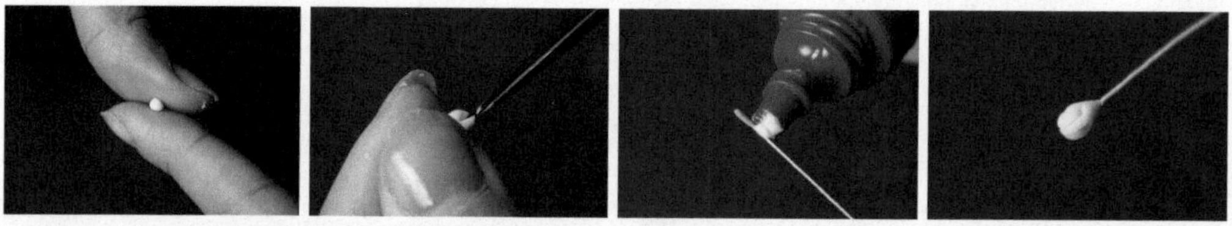

⑫ 取一小块白色黏土搓成水滴形，用剪刀把圆头剪成5份作花苞；在一根制作好的花蕊顶端涂白乳胶，由上而下插入花苞中，将花苞用手捏闭合，做成未开的花苞。

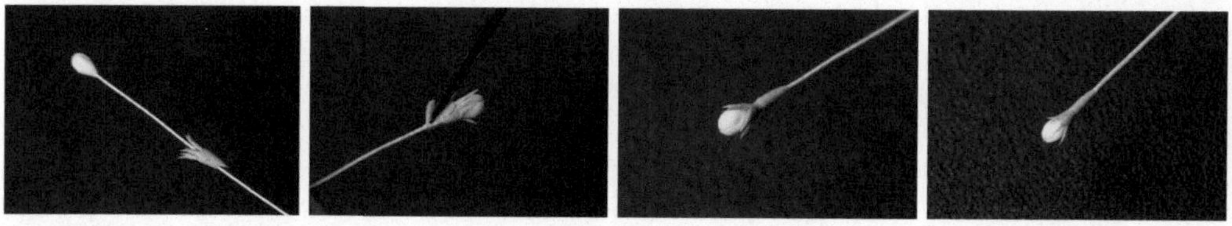

⑬ 将花萼由下往上插入花苞的纸包铁丝，在花苞底部涂白乳胶粘贴，将花萼固定，剪去花萼底部多余的黏土，在纸包铁丝上涂白乳胶，用浅绿色黏土包裹。

STEP 04 制作叶片

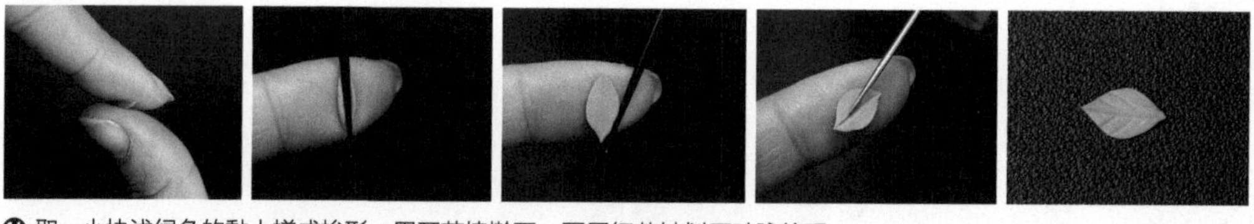

⑭ 取一小块浅绿色的黏土搓成梭形，用开花棒擀开，再用细节针划压叶脉纹理。

STEP 05 组合植株

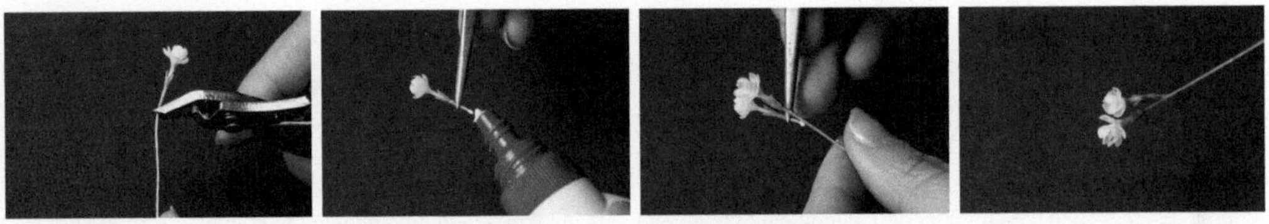

⑮ 用剪钳将花朵枝干倾斜剪切，在剪切面上涂白乳胶，再将其粘贴于另一主干上。

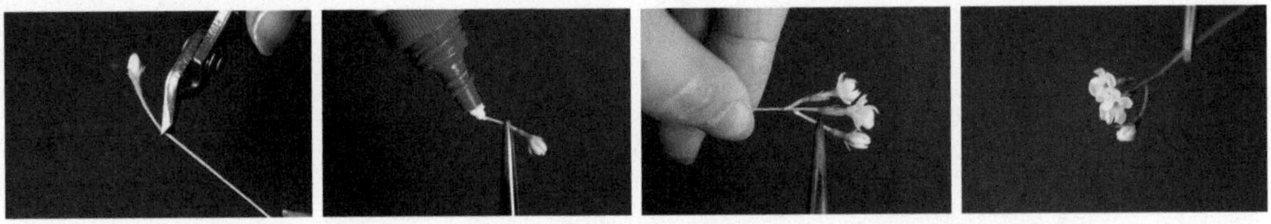

⑯ 同理将花苞枝干倾斜剪切，在剪切面涂白乳胶，再将其粘贴于主干另一侧，一株茉莉有2至3朵花便可。

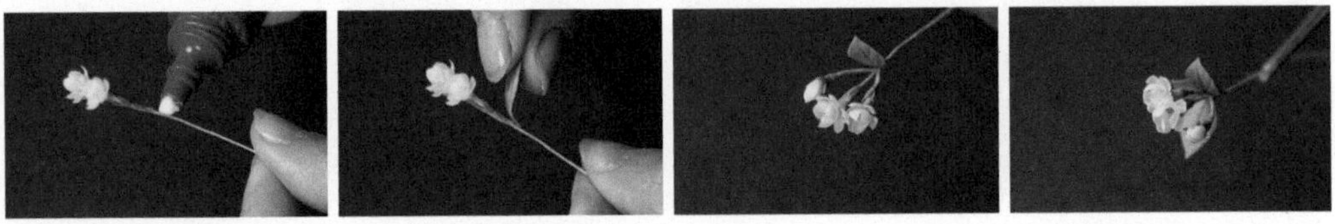

⑰ 在花枝交接处涂上白乳胶，取刚才做好的叶片粘贴上去，粘贴2至3片叶片，注意叶片位置要错落有致。

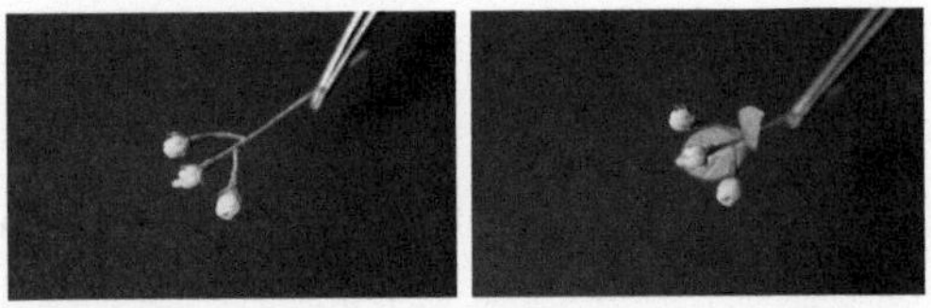

⑱ 用相同的方法将半开的花苞和未开的花苞组合好。

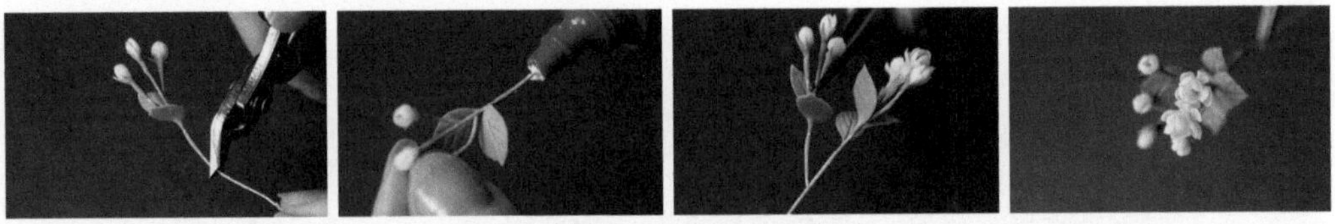

⑲ 用剪钳将花苞的枝干倾斜剪切，在剪切面上涂白乳胶，将花苞粘贴于花朵主干上，一株茉莉就组合好了。

⑳ 取黄绿色油彩颜料，用毛笔蘸取少许颜料涂于花苞尖上。

菊花

◆花卉样本

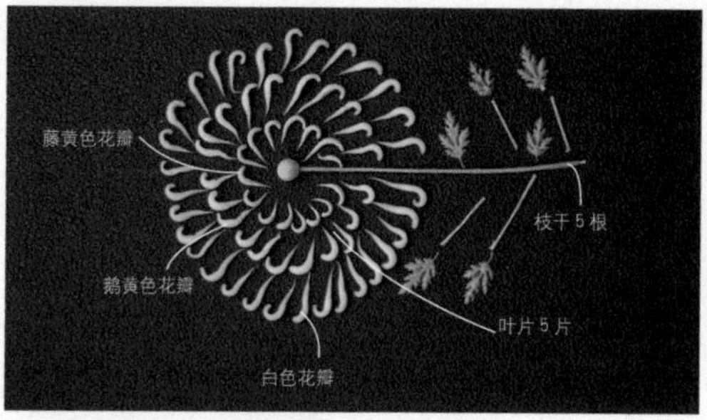

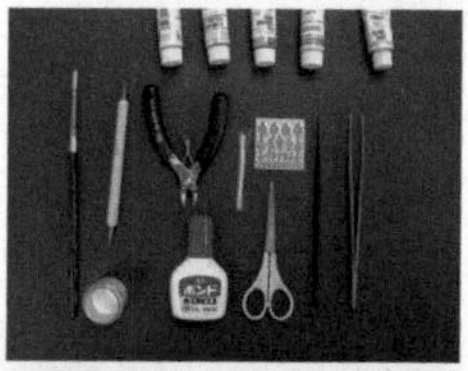

材料与工具

油彩颜料、镊子、丸棒、纸包铁丝、剪钳、白乳胶、毛绒粉、叶片模具、开花棒、亚克力板、毛笔、剪刀

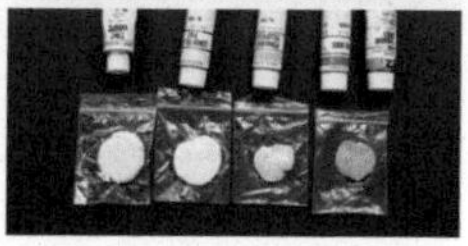

黏土颜色

白色、鹅黄色、藤黄色、浅绿色

STEP 01 制作中心花瓣

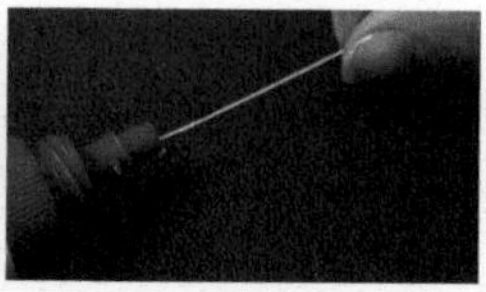
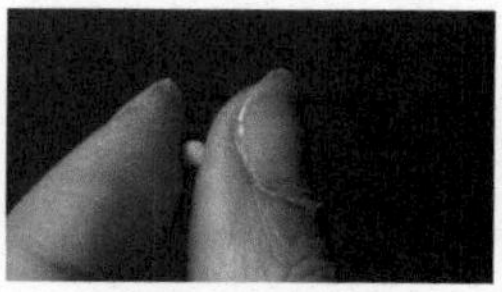
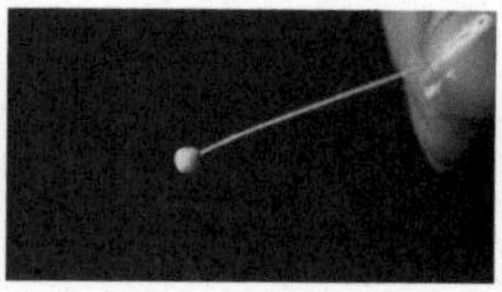

❶ 取一根纸包铁丝，用镊子将顶端弯曲成勾并涂上白乳胶，取藤黄色黏土搓成小球，把纸包铁丝有钩的一端插入其中。

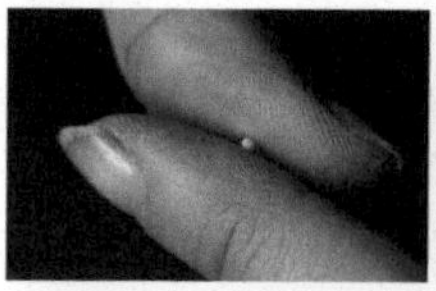
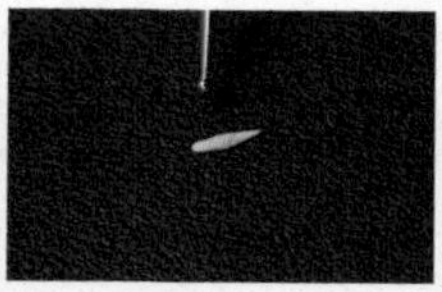
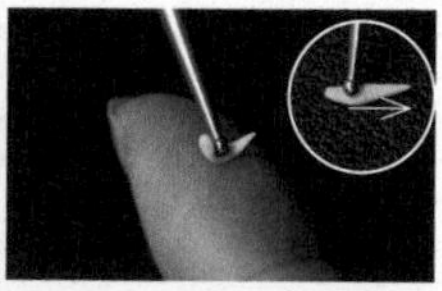

❷ 取极小块藤黄色黏土搓成长水滴形，将黏土放置在食指上，用丸棒轻轻按压至其卷曲；用相同的方法制作多片花瓣晾干待用。

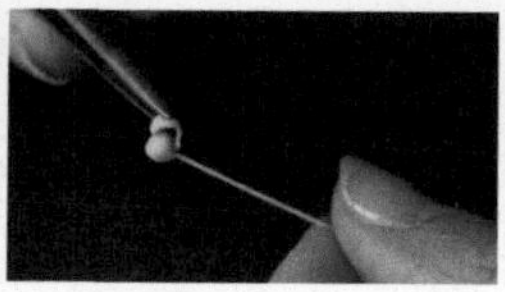
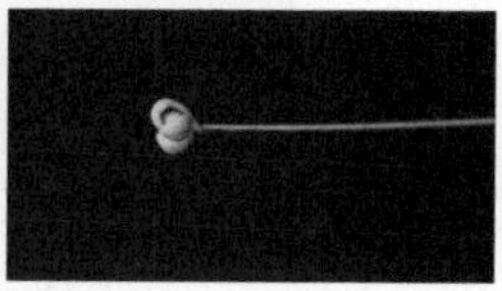

❸ 用镊子夹住晾干的花瓣顶端，在花瓣底端涂上白乳胶，将花瓣底端对齐花心底部依次粘贴，让花瓣围绕花心，中心花瓣粘贴2层左右。

STEP 02 制作内层花瓣

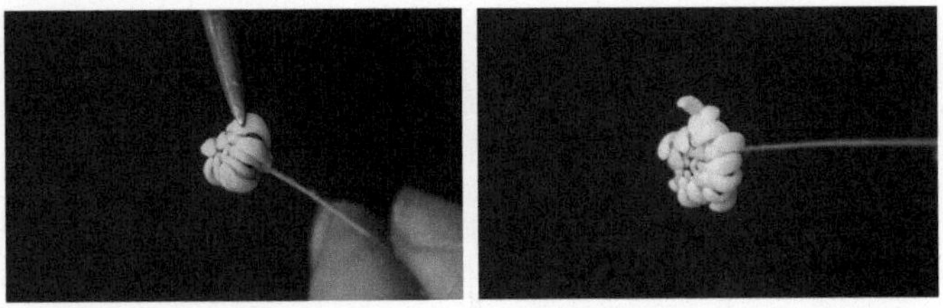

04 取鹅黄色黏土按照中心花瓣的做法做花瓣若干，大小比之前略大一些，晾干后依次粘贴在中心花瓣外。

STEP 03 制作外层花瓣

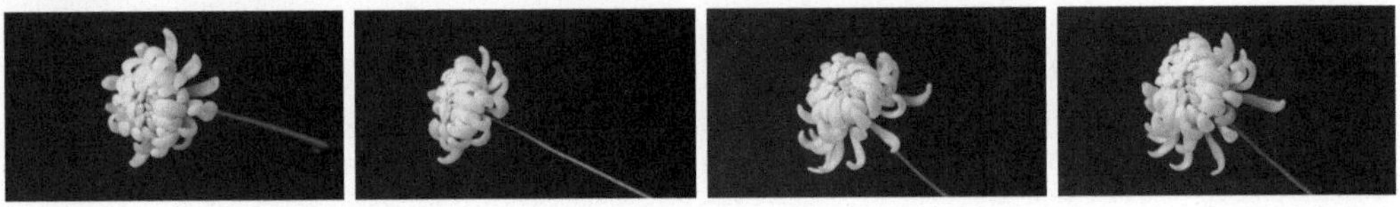

05 取白色的黏土，按照之前花瓣的制作方法制作若干片花瓣，花瓣逐渐变大，晾干后依次粘贴，调整最外层花瓣形状，使其朝下垂。

STEP 04 制作花萼和枝干

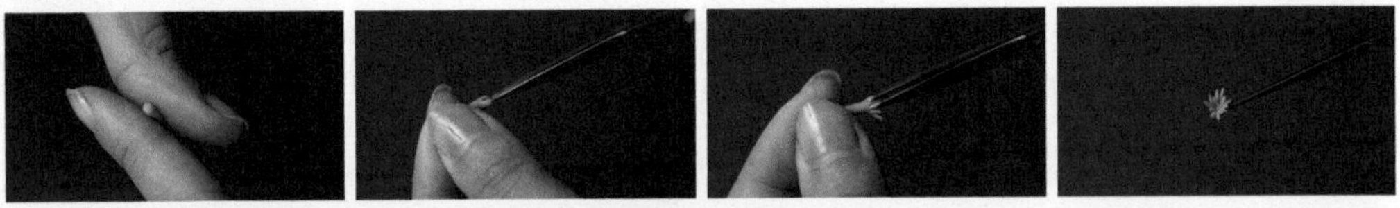

06 取一小块浅绿色的黏土，先搓成水滴形，再用剪刀把圆头剪成12份左右。

07 用开花棒依次擀开分叉做成花萼，拿出之前做好的菊花，将纸包铁丝由上而下插入花萼中心；在花朵底端涂上白乳胶，再将花萼上推粘贴固定到花朵下方。

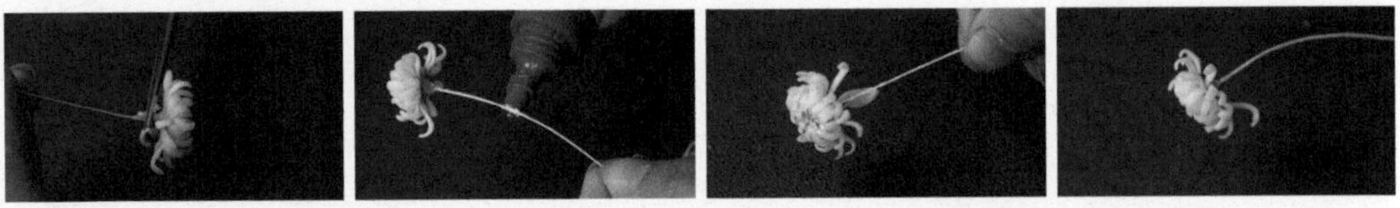

08 用剪刀把花萼底端多余的黏土剪去，在纸包铁丝上均匀地涂上白乳胶，用浅绿色黏土均匀地将其包裹。

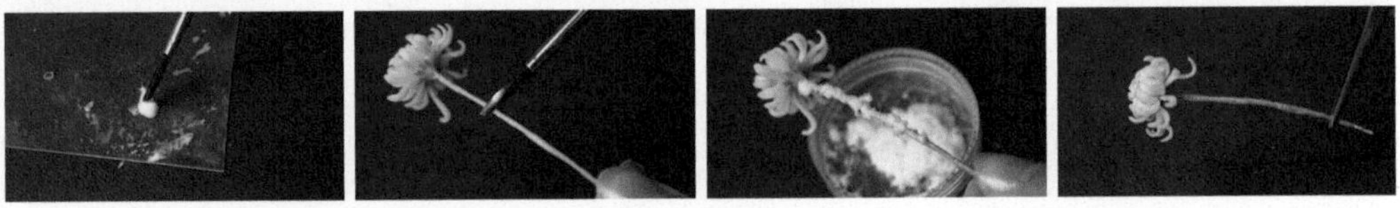

09 用湿润的毛笔蘸取白乳胶涂于枝干表面，再将枝干裹上毛绒粉，轻轻敲打枝干掸去多余的毛绒粉。

STEP 05 制作叶片

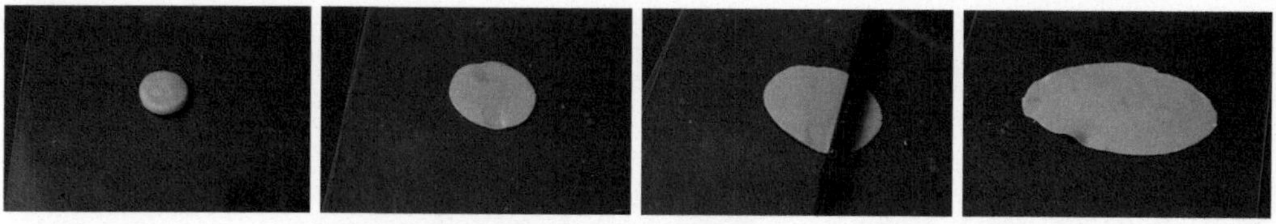

⑩ 取一团浅绿色的黏土揉圆再轻轻压扁，将其置于两块亚克力板中间，用开花棒将黏土擀薄，取下上面的一块亚克力板。

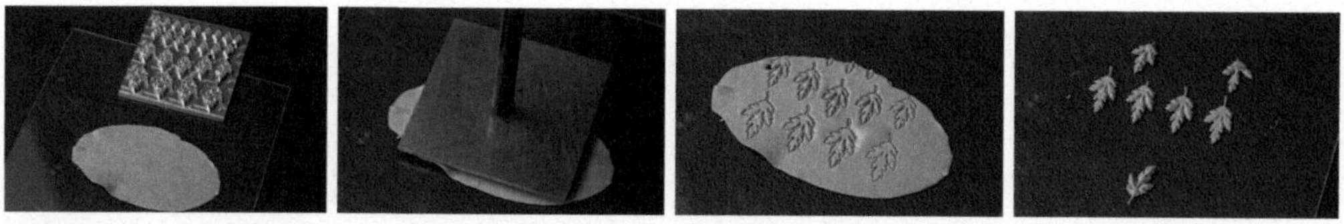

⑪ 拿出叶片模具按压到薄片上，压出叶片形状，再沿着叶片边缘剔除多余的黏土，留下叶片形状晾干待用。

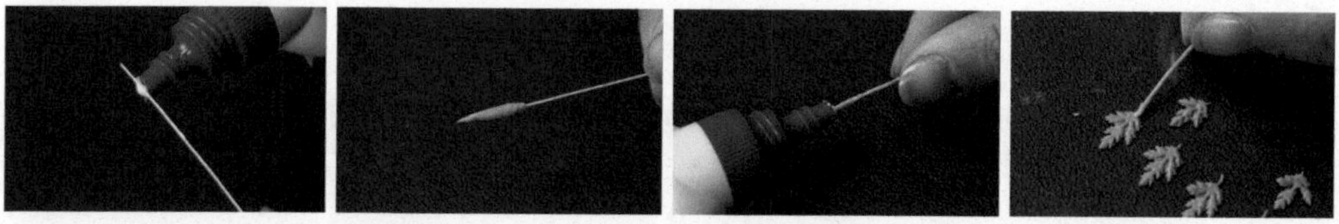

⑫ 在一段纸包铁丝上均匀地涂抹白乳胶，取一块浅绿色的黏土均匀地将其包裹；在顶部涂上白乳胶后粘贴叶片。

⑬ 用湿润的毛笔蘸取白乳胶，再涂到叶片与枝干上，趁白乳胶未干撒上毛绒粉；轻轻掸去多余粉末，再用剪钳将多余枝干斜剪去。

⑭ 在叶片枝干的剪切面涂上白乳胶，再将叶片粘贴于主干上，可错落地粘贴几片叶片。

牡丹

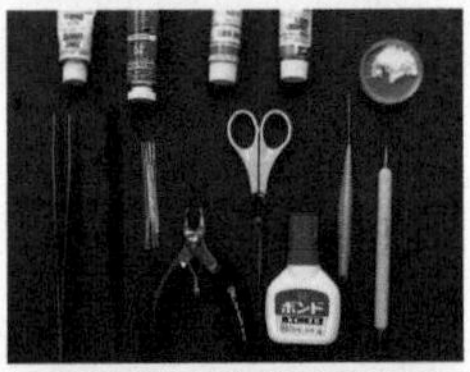

材料与工具

油彩颜料、镊子、开花棒、纸包铁丝、剪钳、剪刀、白乳胶、细节针、丸棒、毛绒粉、毛笔

黏土颜色

藤黄色、白色、薄雾粉色、浅粉色、深绿色

STEP 01 制作花蕊

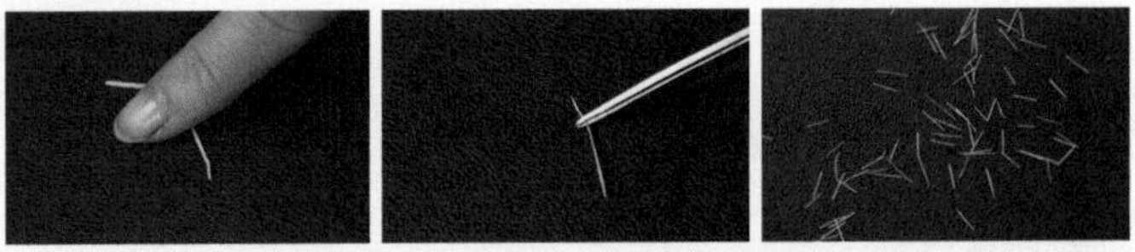

❶ 取藤黄色黏土搓成极细的条状，用剪刀将其剪成小段作花蕊备用。

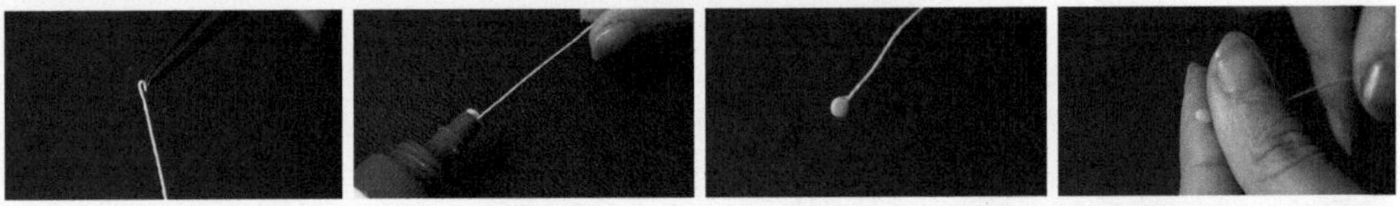

❷ 取一根纸包铁丝，用镊子将顶端弯曲成钩再涂上白乳胶；取一块藤黄色黏土搓成球，将纸包铁丝有钩的一端插入黏土球中。

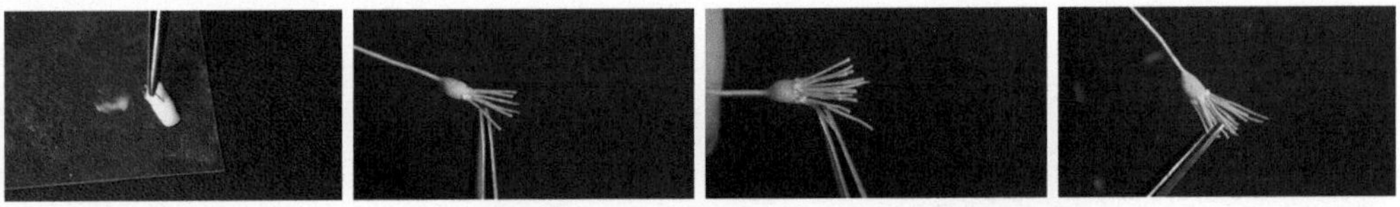

❸ 用镊子夹住剪好的花蕊，在一端涂上白乳胶粘贴在滕黄色黏土球上，用剪刀把花蕊修剪平整。

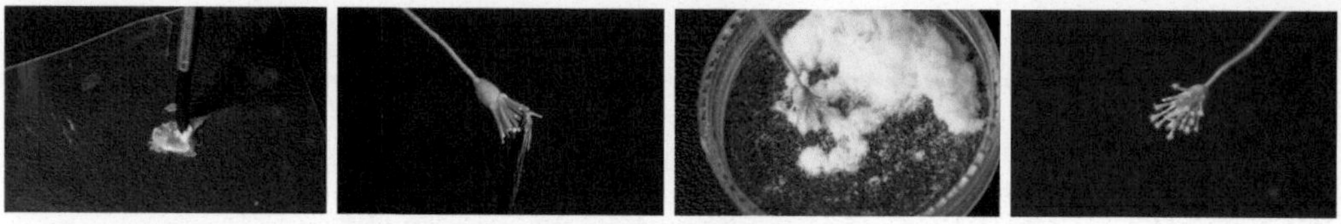

04 用湿润的毛笔蘸取白乳胶并涂于花蕊顶部，再用花蕊顶部去蘸取毛绒粉。

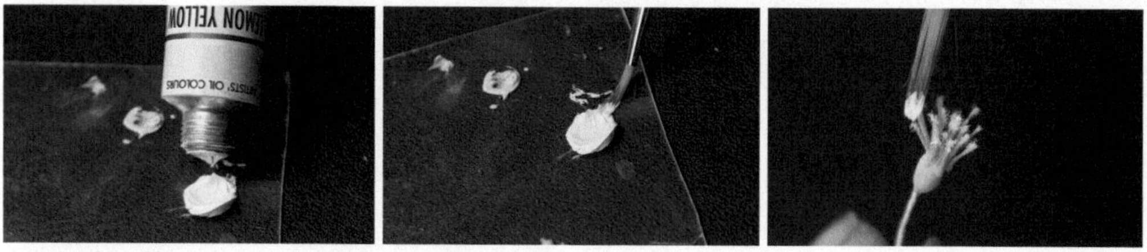

05 取出柠檬黄油彩颜料，用毛笔蘸取颜料涂于花蕊上方。

STEP 02 制作中心花瓣

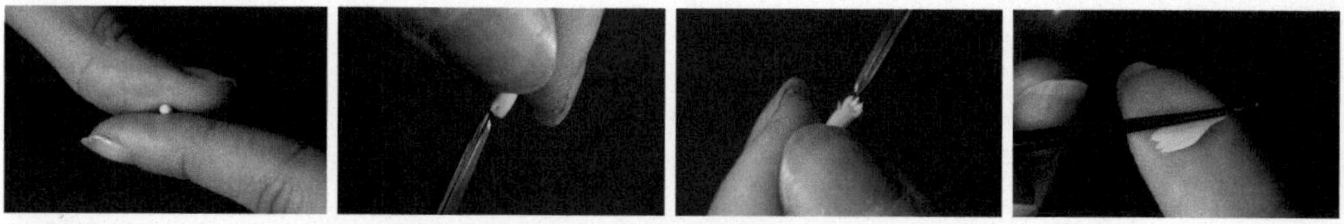

06 取出一小块浅粉色的黏土搓成水滴形，再轻轻压扁，用剪刀把圆头剪出若干分叉；将其放于食指上，用开花棒擀开成卷边花瓣。

07 用开花棒将花瓣按压出纹理和褶皱，制作若干晾至半干。

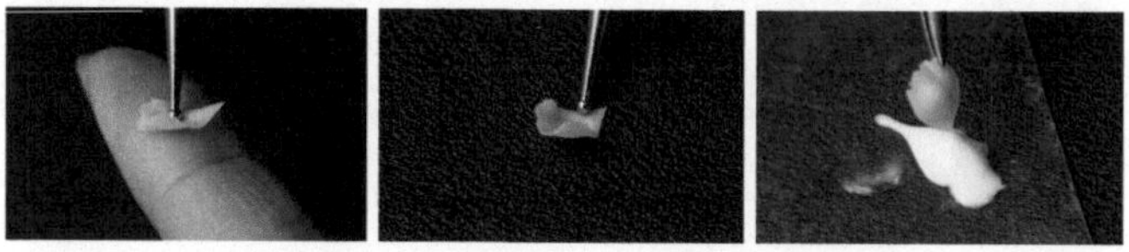

08 将花瓣放置在左手食指上，用丸棒将花瓣压出弧度，再用花瓣根部蘸取白乳胶。

09 拿出制作好的花蕊，将花瓣逐片粘贴于花蕊周围，逐层错落地粘贴2至3层。

STEP 03 制作内层与外层花瓣

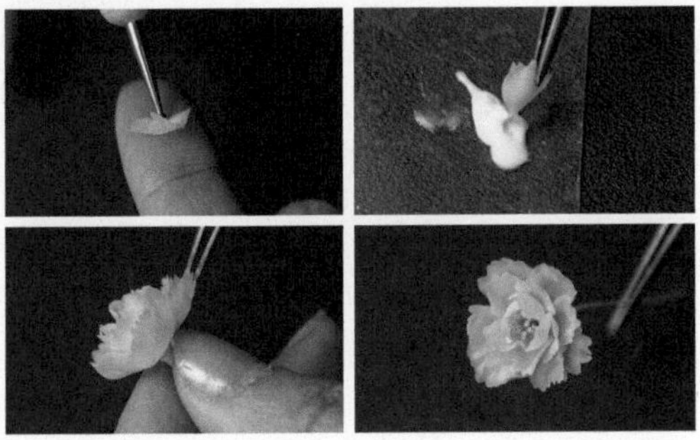

⑩ 内层花瓣用薄雾粉色黏土制作，制作方法与中心花瓣相同，只需将花瓣逐渐做大一些；用同样的方式继续粘贴，只是花瓣稍微散开点。

⑪ 外层花瓣用白色黏土制作，花瓣是最大片的，粘贴好后调整最外层的花瓣，使其外翻。

STEP 04 制作花萼与枝干

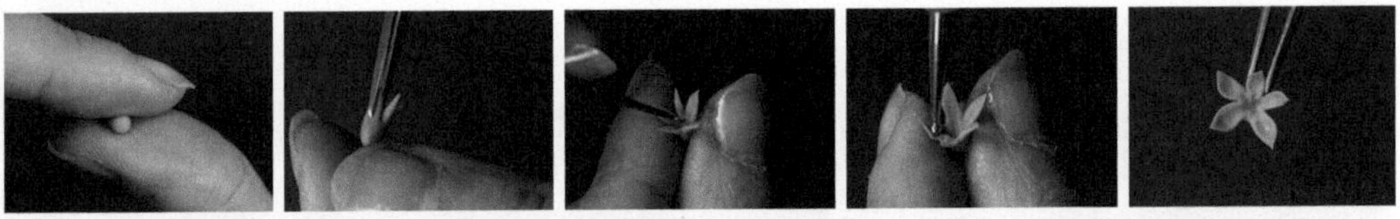

⑫ 取一小块深绿色黏土搓成水滴形，用剪刀把尖头剪成5份，再用开花棒依次擀开，用丸棒调整每片弯曲的弧度。

⑬ 将花萼由上而下插入花朵的纸包铁丝上，在花朵底部涂上白乳胶，将花萼推上去粘贴固定，最后用手指把花萼底部抚光滑。

⑭ 在纸包铁丝上均匀涂上白乳胶，用深绿色的黏土包裹纸包铁丝。

STEP 05 制作叶片

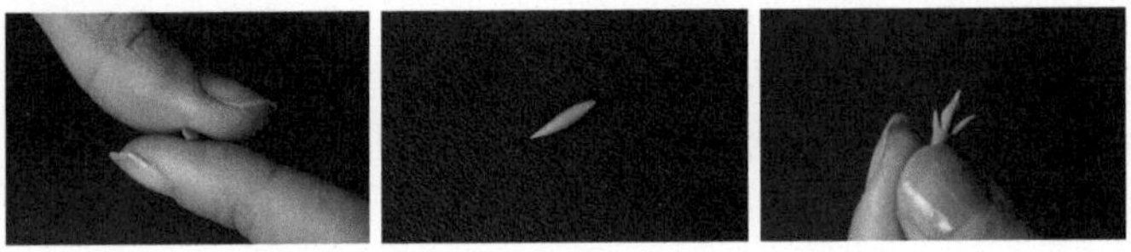

⑮ 取一块深绿色黏土搓成梭形，用剪刀将一端剪成3份。

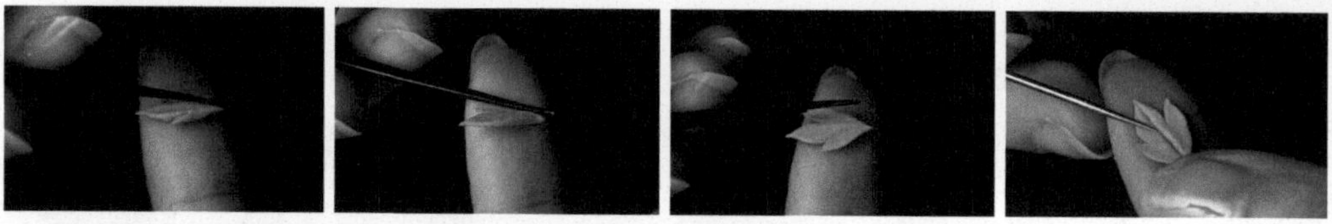

⑯ 用开花棒把3份分叉分别擀开做成分叉形叶片，用细节针在叶片上划压出叶脉纹路。

⑰ 取一段纸包铁丝，在顶端涂白乳胶，再粘贴叶片，这便是牡丹叶的侧面叶片。

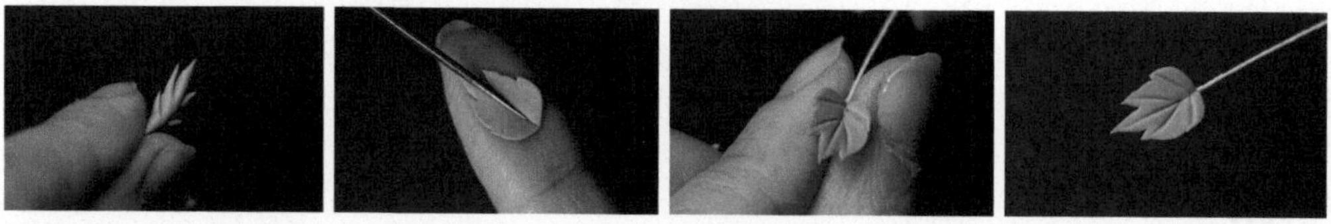

⑱ 再来做牡丹叶的顶部叶片。先取深绿色黏土搓成梭形，再用剪刀把梭形一端剪成5份，重复刚才叶片制作的步骤，顶部叶片完成。

⑲ 拿出刚才做好的叶片，先在纸包铁丝上涂白乳胶，再用深绿色的黏土均匀地将其包裹；把侧面叶片的枝干剪断，涂上白乳胶后将其贴到顶部叶片下方的左右两侧，一片叶片就制作好了。

⑳ 调整叶片枝干弯曲的弧度，用剪钳倾斜剪掉，在剪切面上涂白乳胶后粘贴于主干上。

第七章

特供秘籍：关于迷你黏土花的那些事儿

花盆的制作

迷你黏土花制作好之后需准备一些器皿去放置，如果图方便，可购买或者3D打印一些小花盆、花瓶等。当然，也可自己制作，作者一般会用卡纸、木片、石膏这三种材料去做花盆，接下来介绍一下怎么用这三种材料制作花盆。

纸制花艺桶

纸制花盆

石膏倒模花盆

木制花盆

纸制花艺桶制作教程

花艺桶效果

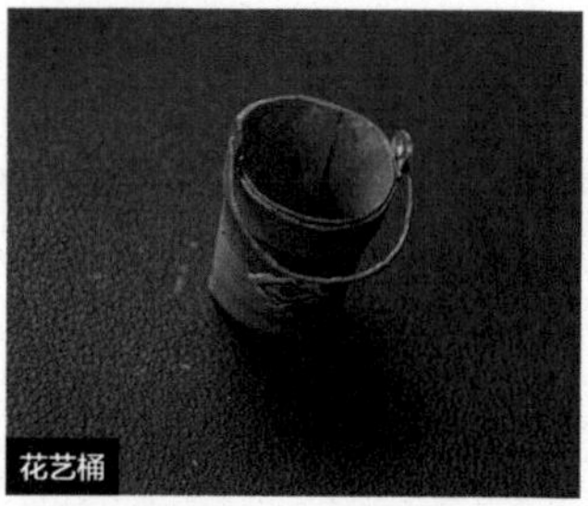
花艺桶

插花效果

需准备

卡纸、剪刀、白乳胶、铜丝、毛笔、颜料、镊子、细节针

图纸参数

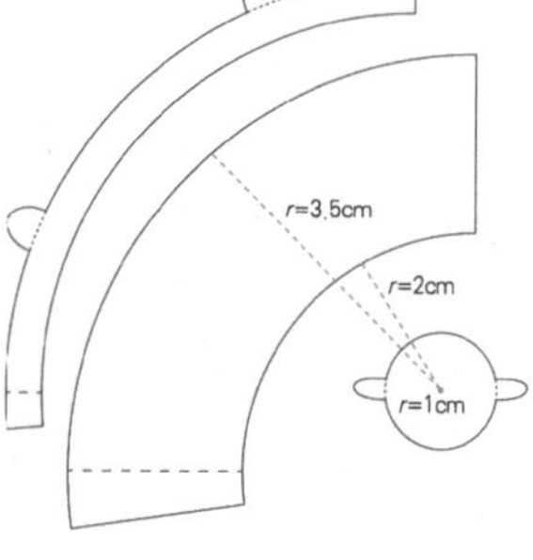

图纸

STEP 01 制作基础形状

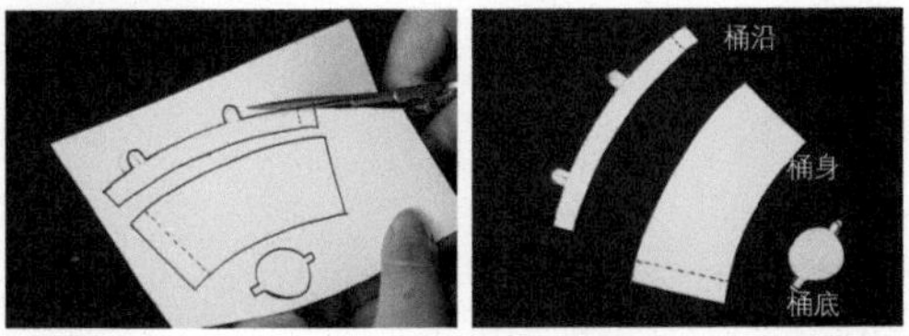

⓫ 在300g的卡纸上画图，沿实线进行剪裁，将卡纸剪裁出3部分。

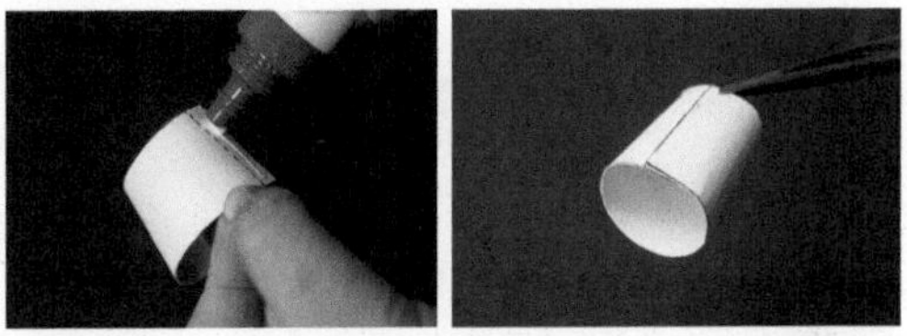

⓬ 取桶身部件，在骑缝处涂上白乳胶，将其卷曲并粘贴好。

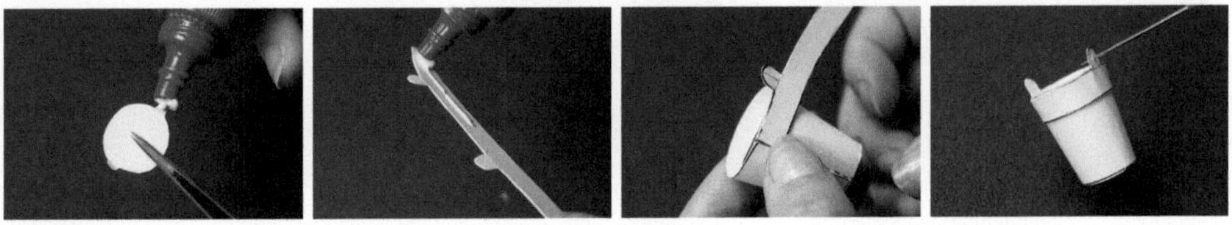

⓭ 在桶底部件的两只耳朵上涂上白乳胶，将其内扣于桶身底部并粘贴好；在桶沿部件内侧涂上白乳胶，围着桶身上方边缘粘贴固定。

STEP 02 上色制作质感

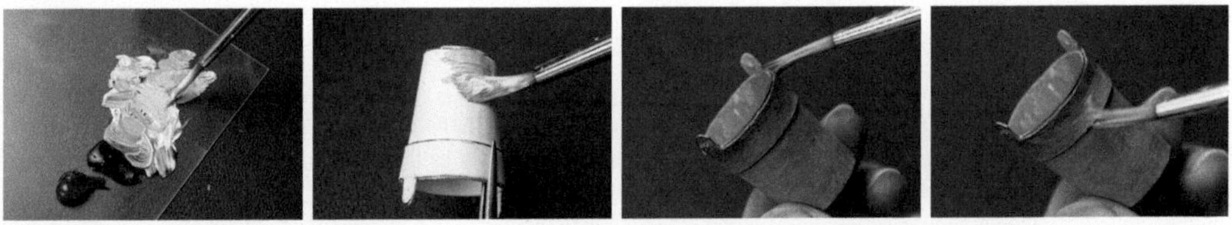

⓮ 取深蓝色、浅蓝色和白色丙烯颜料，混合后涂于桶身内外两面，再用白色丙烯颜料单独涂抹局部。

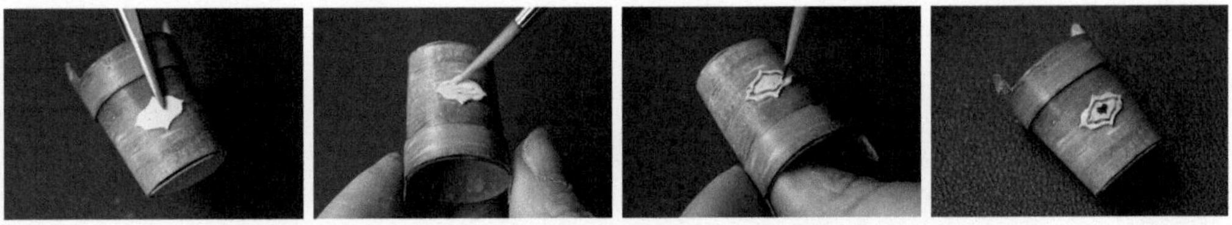

⓯ 在卡纸上剪出一块小铭牌，贴于桶身上，用黑色丙烯颜料为铭牌勾边、画图。

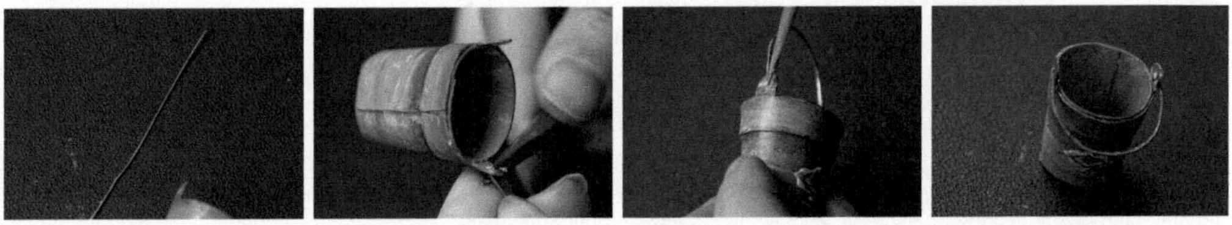

⓰ 剪下一段铜丝，将铜丝两端分别穿过花艺桶的两只耳朵，再用镊子弯曲铜丝固定成提手；最后用和花艺桶桶身相同的颜色给铜丝上色。

纸制花盆制作教程

花盆效果

花盆

插花效果

需准备

卡纸、剪刀、白乳胶、毛笔、颜料、石膏粉、镊子

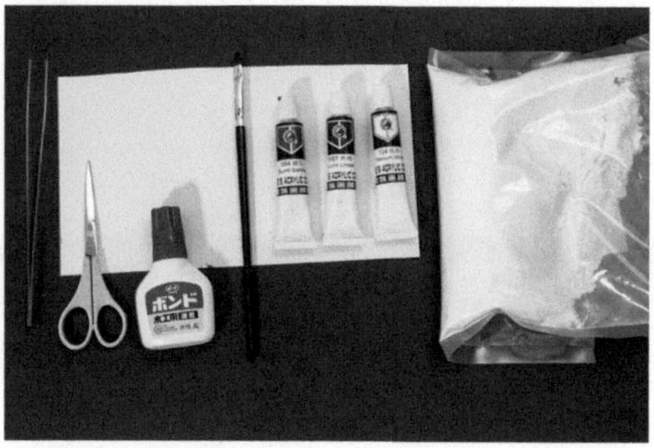

图纸参数

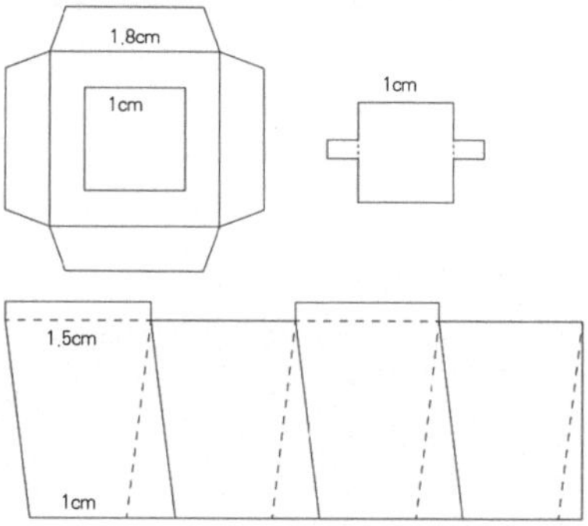

图纸

STEP 01 制作基础形状

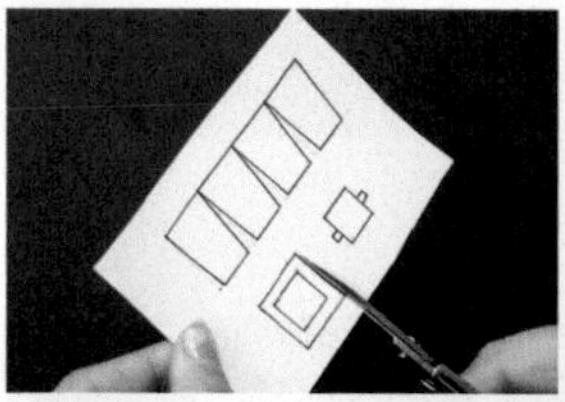

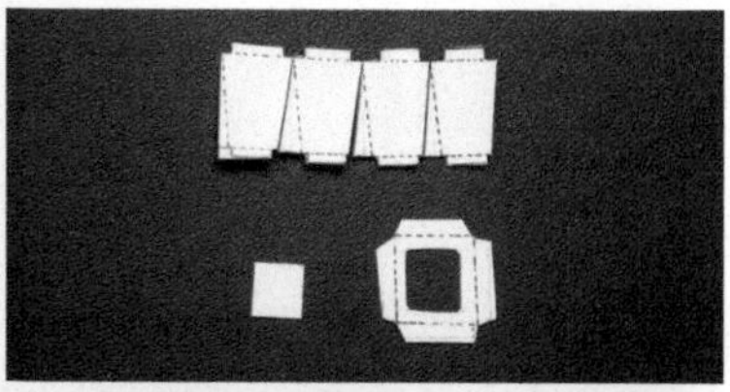

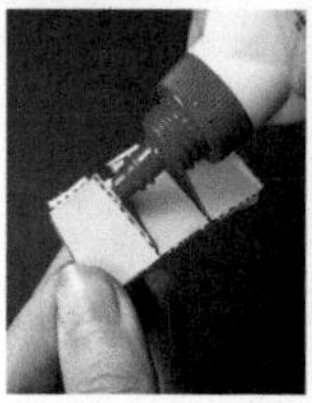

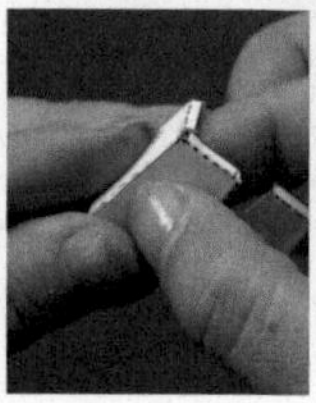

01 用300g的卡纸画图，再用剪刀沿图上实线剪裁，沿虚线折叠；虚线外的小区域为粘贴部分，涂上白乳胶后再一一折叠、粘贴组合。

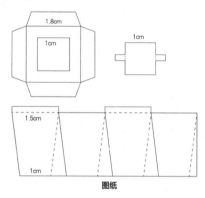

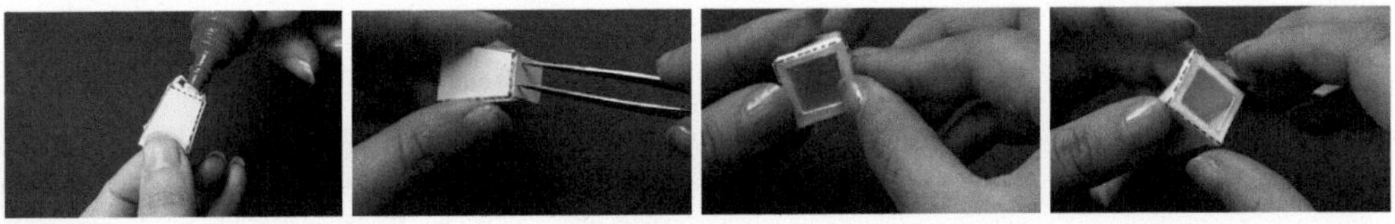

⑫ 在花盆底部涂上白乳胶，将边长为1cm的方形纸片粘贴于底部；在顶部边缘涂上白乳胶，再粘贴花盆边沿，处理一下细节。

STEP 02 上色制作质感

⑬ 用白色、橙黄色和黑色丙烯颜料混合调色，为花盆均匀地涂色。

⑭ 趁丙烯颜料未干，用石膏粉包裹一层，制作出陶土盆的质感。

木制花盆制作教程

花盆效果

花盆

插花效果

需准备

毛笔、刻刀、细节针、尺子、颜料、轻木板、铜丝、白乳胶、镊子

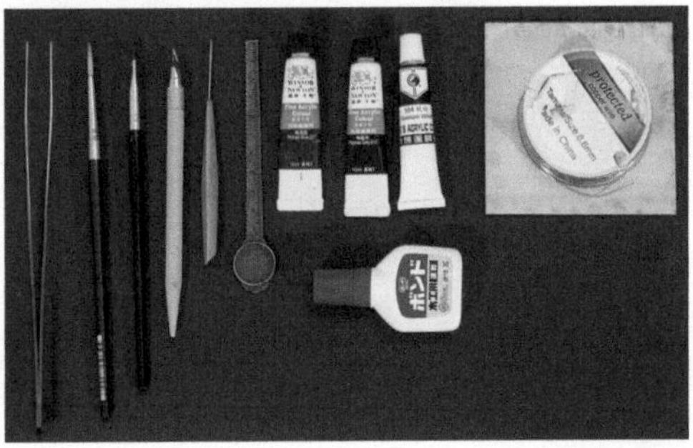

图纸参数

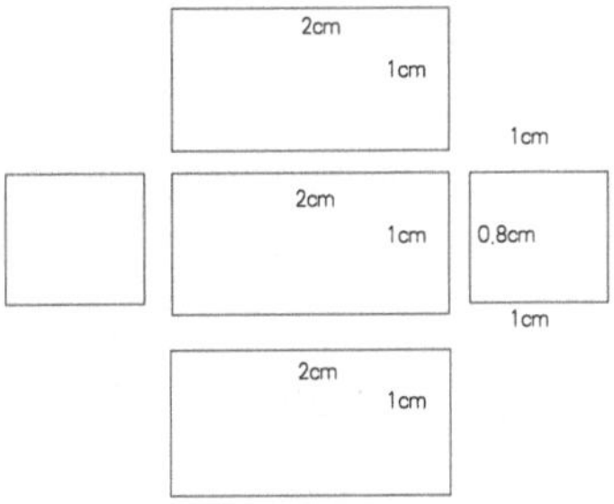

图纸

STEP 01 制作基础形状

01 将轻木板按照图纸裁切成块。

02 在各木块边缘依次涂白乳胶，再按照花盆样式粘贴。

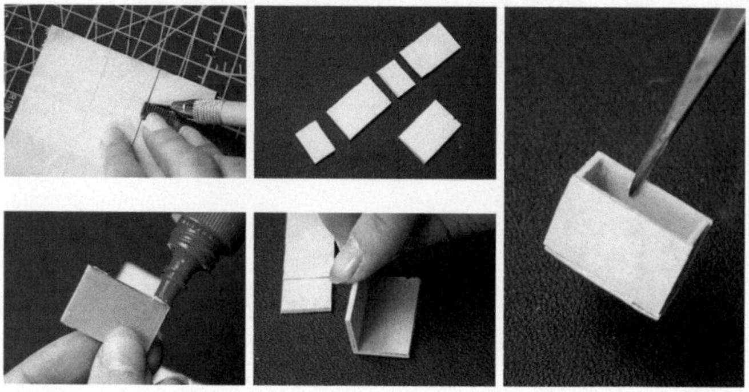

03 在侧边用细节针扎两个小孔，取两段铜丝。

04 调整铜丝形态做成把手，插入小孔内，再把铜丝向下扣。

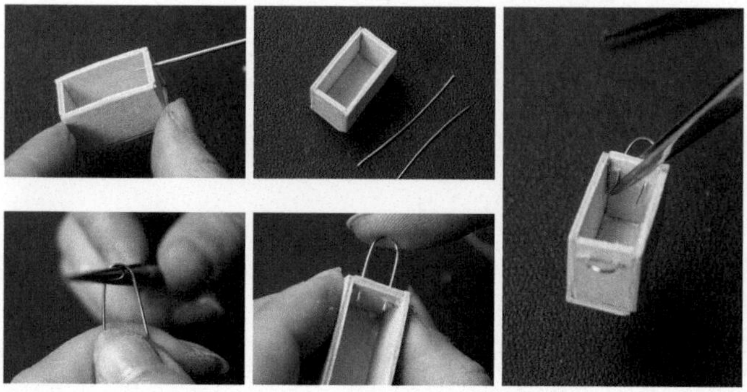

STEP 02 上色制作质感

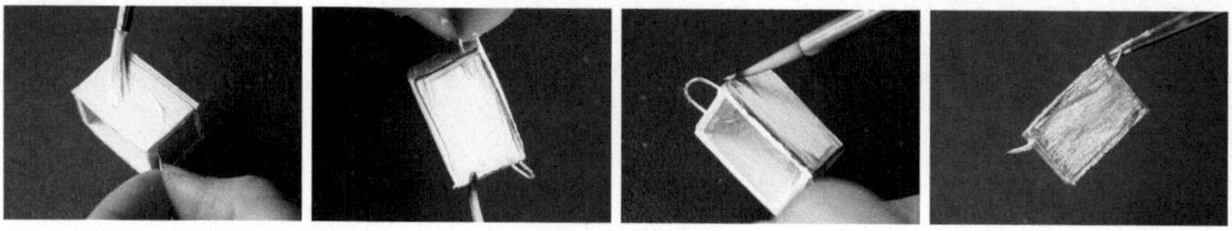

05 在木板表面先涂白色丙烯颜料打底，再用棕色丙烯颜料画出木纹，注意调棕色时要让毛笔干燥分叉，横向运笔，让木纹方向一致。

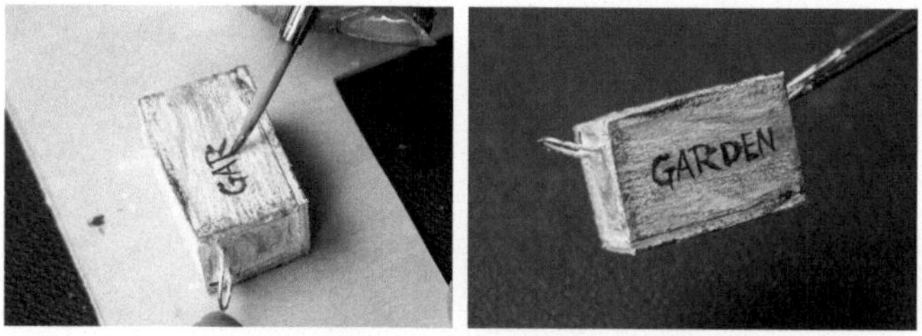

06 用黑色丙烯颜料写上字母，木质花盆就制作完成了。

石膏倒模花盆制作教程

花盆效果

花盆

插花效果

需准备

毛笔、刻刀、丸棒、剪刀、颜料、软陶、亚克力板、量杯、勺子、石膏粉

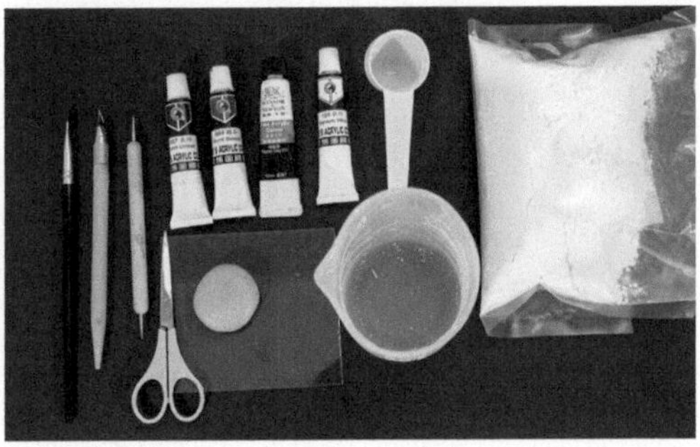

STEP 01 制作花盆模型

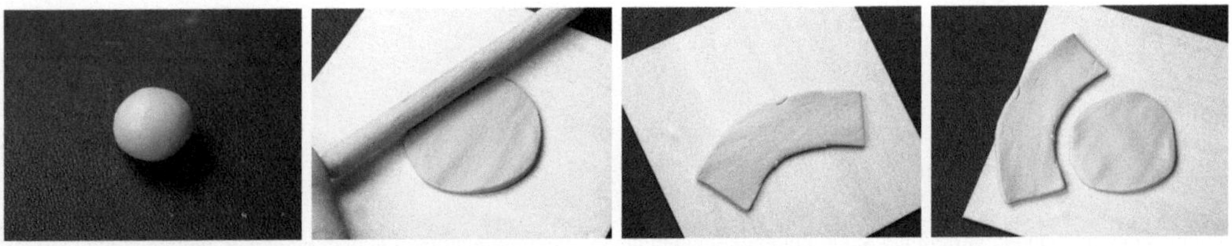

⓪① 取一块软陶在亚克力板上擀成薄厚均匀的片状，用刻刀或者剪刀将其裁切出一块扇形和一块圆形。

⓪② 将扇形软陶片闭合成花盆的模型，放置于圆形软陶上，去除多余的软陶泥。

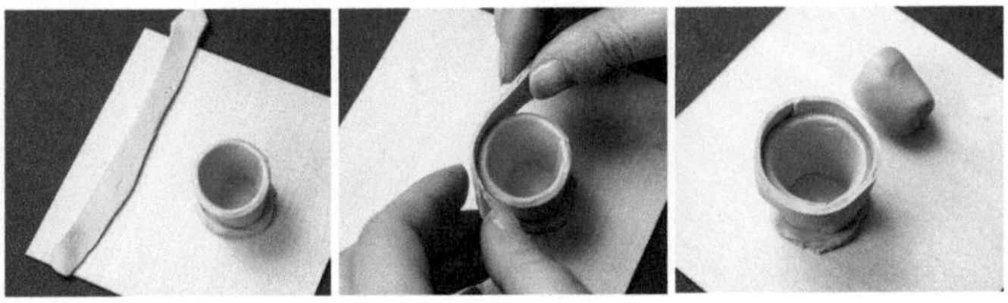

⓪③ 取一条薄厚均匀的软陶长条，包裹于花盆模具上部，同时捏一块小于花盆内圈的软陶块，注意搓成柱体，与花盆内的形状一致。

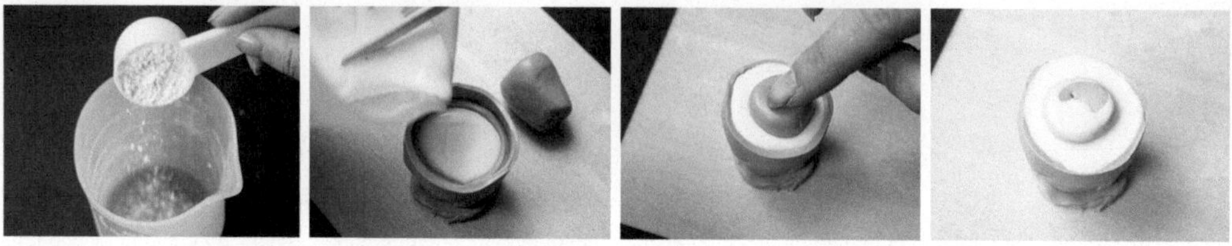

⓮ 用勺子将适量的石膏粉倒入有水的量杯中，调和均匀后倒入模具中，将柱体软陶块放置于石膏中。

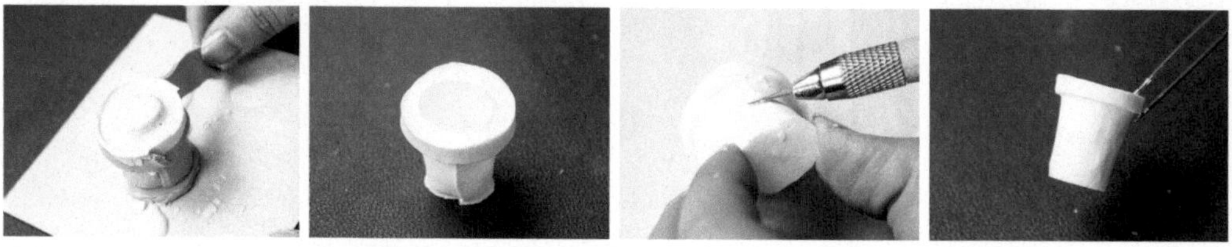

⓯ 静置半小时后，石膏已经凝固，再逐一去掉软陶片；用刻刀对石膏花盆外侧进行修理，让它均匀、光滑。

STEP 02 上色制作质感

⓰ 用土黄色的丙烯颜料对花盆涂色，部分区域用黑色加深。

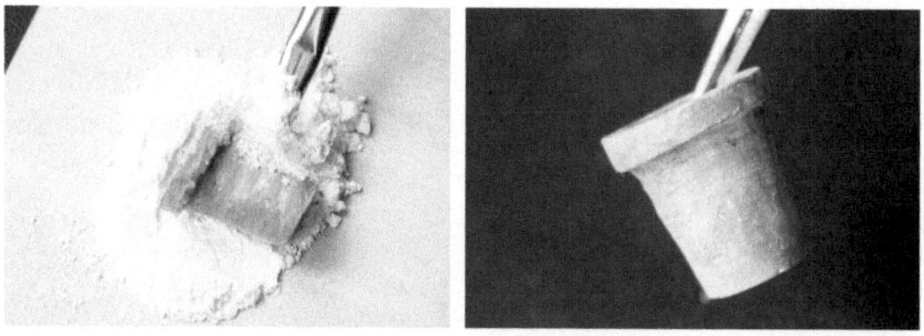

⓱ 趁丙烯颜料未干，用石膏粉包裹花盆，制作陶土盆质感。

花篮的编织

花篮效果

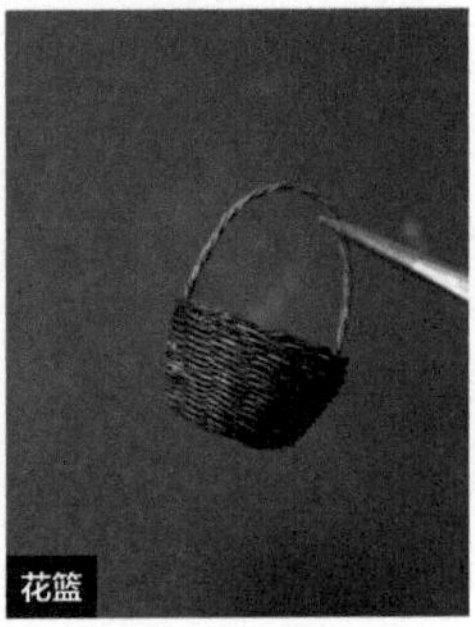

花篮

插花效果

需准备

纸包铁丝、颜料、钳子、开花棒、毛笔

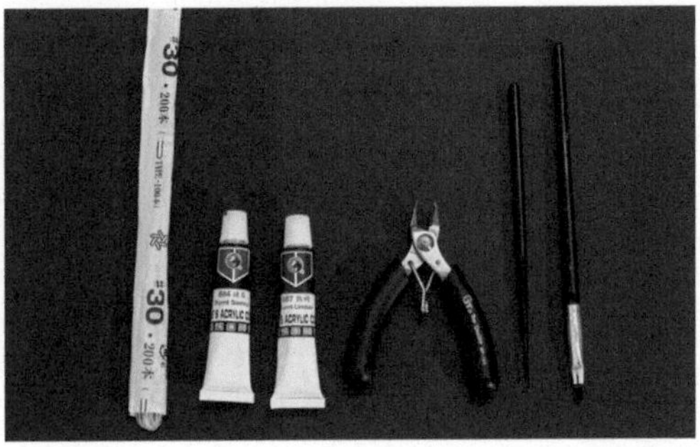

STEP 01 编织花篮

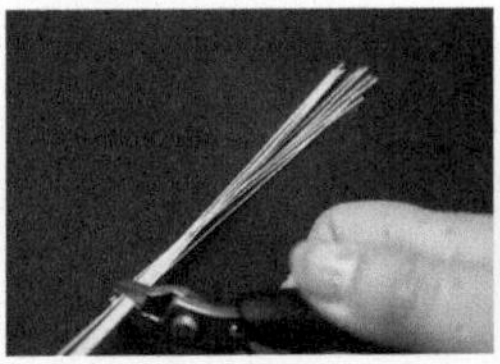

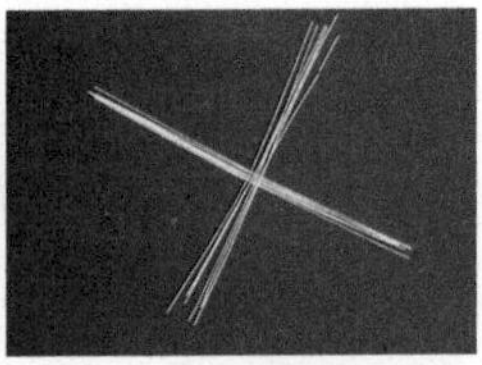

01 将30号纸包铁丝裁剪成长10cm的段，6根为一组十字交叉放置好。

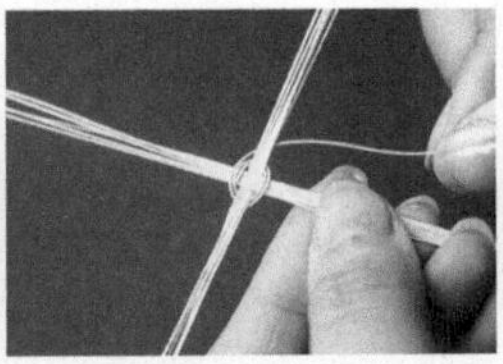

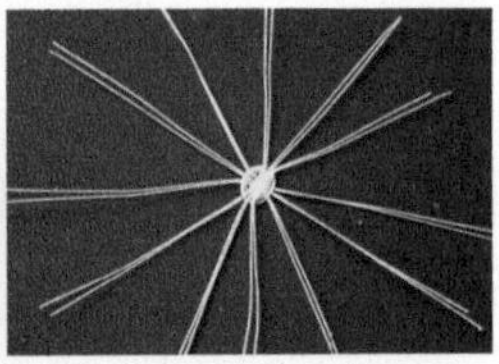

02 取一根单独的纸包铁丝，勾住其中一组围绕中心缠绕固定，再将纸包铁丝两根为一组分开。

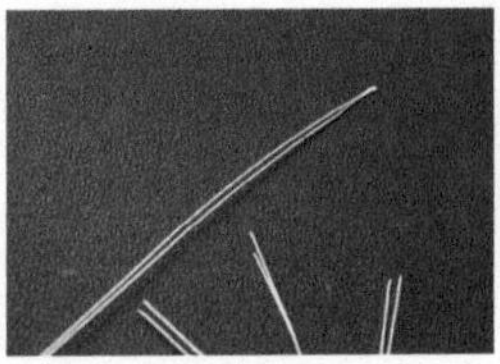

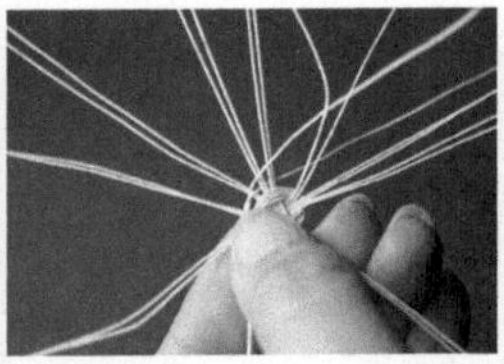

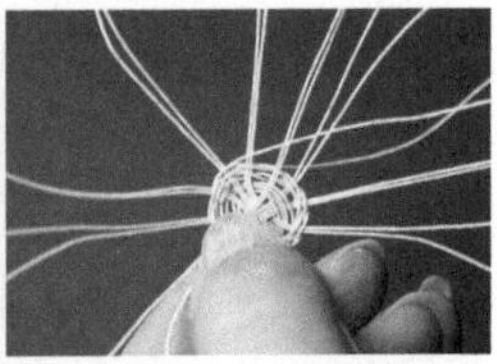

03 取一根长的纸包铁丝对折，勾住其中一组纸包铁丝，将对折的铁丝，一上一下交叠向一个方向编织，依次编织直至达到花篮底座大小。

小提示

对折纸包铁丝后勾住花篮的一根框架，让纸包铁丝交错穿插编织。

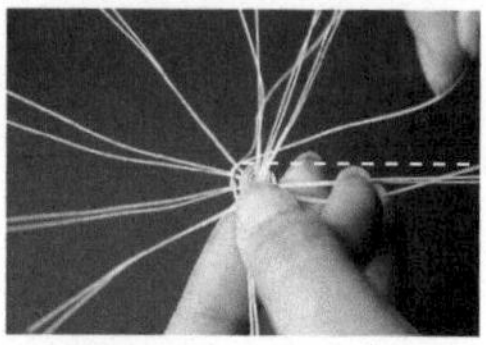
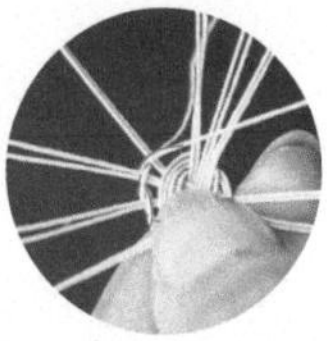

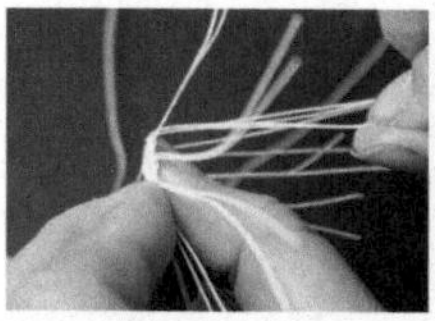

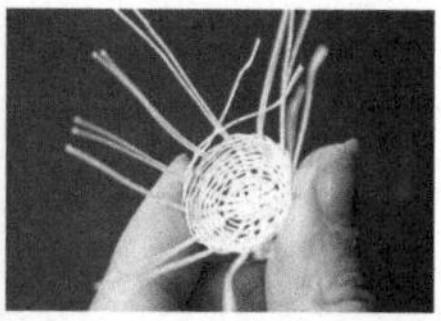

04 编织到合适的大小后，将铁丝向上折起来，再修剪铁丝长度继续编织。

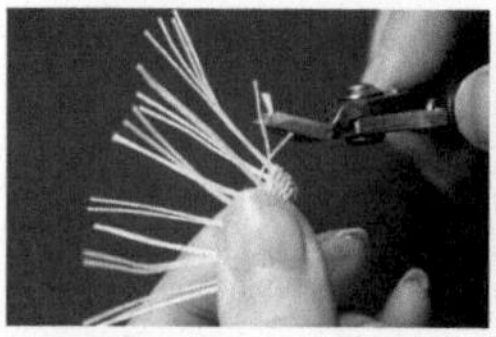

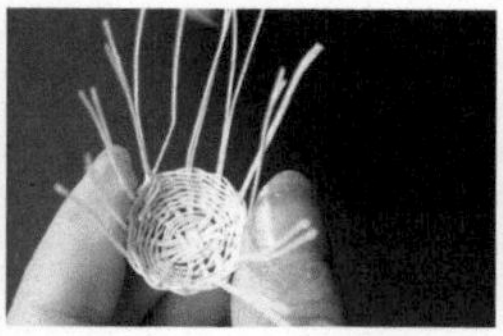
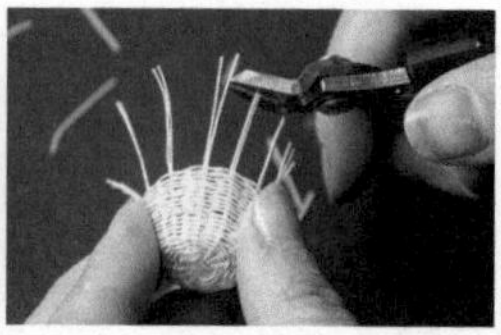

05 当铁丝快编织完时，将两股铁丝朝编织的反方向翻折固定；重新接入一段纸包铁丝继续编织到合适高度，剪切竖向纸包铁丝。

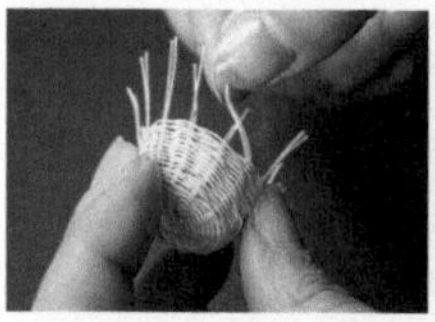

06 将竖向铁丝顺时针依次编织，最后一根插入第一根的孔里收尾并固定。

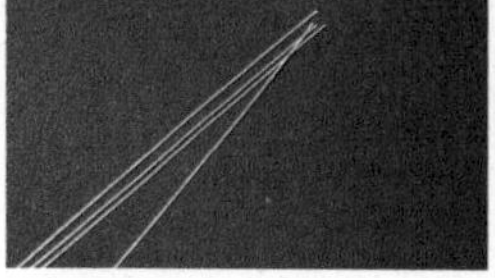
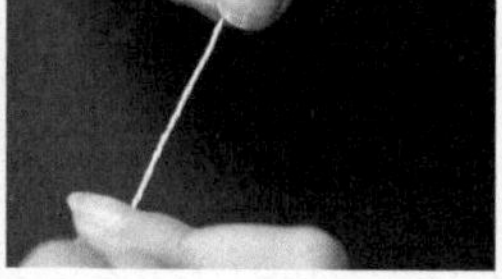

07 取4根纸包铁丝拧成一股，做成提手，用开花棒挑出侧边编织的孔，将提手插入其中。

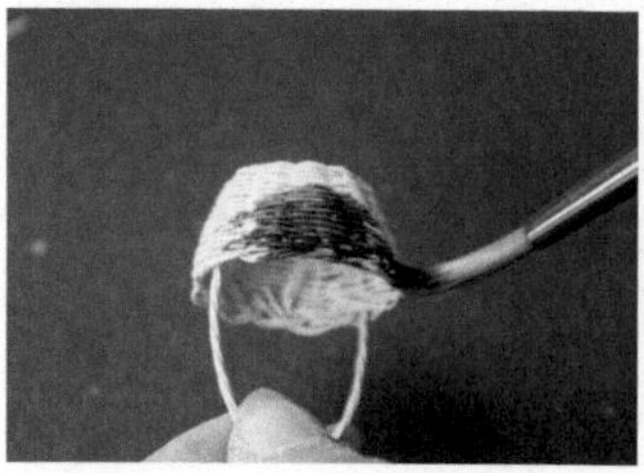

08 给篮子涂上棕色的丙烯颜料，一个花篮就编好了。

插花的方法

在花篮里放入泡沫

在花盆里放入黏土

将做出来的迷你黏土花插好，可以做出美美的造型，让人心情愉悦。怎样插既方便又快捷呢？下面分享两种实用的方法。

泡沫固定法

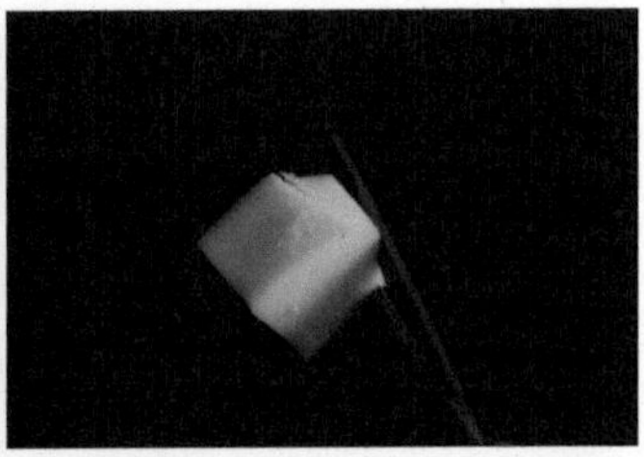

01 拿出一块泡沫和一个编好的花篮，先用剪刀把泡沫修剪成花篮内部的形状；修剪时可放入花篮里比对一下。

02 用镊子夹住泡沫放入花篮内，填平放好；再用镊子夹住花朵的枝干，将花朵枝干插入泡沫中。

03 插花时可改变插入角度，让花朵有方向变化。

黏土固定法

⓫ 取一块黏土揉成球，将其放入花盆中，注意用手指把黏土压平，以填充花盆。

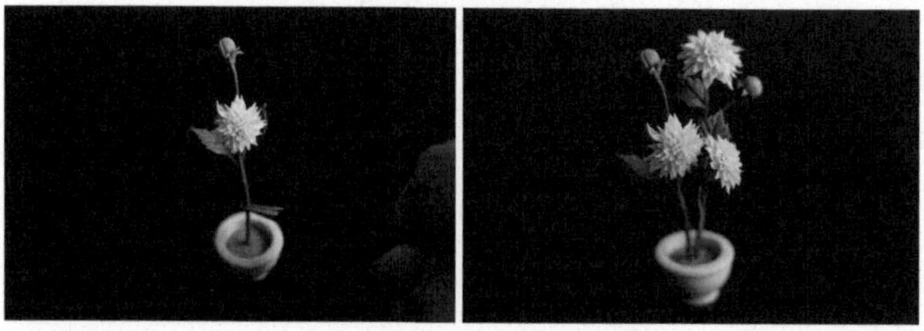

⓬ 将做好的迷你黏土花插入花盆的黏土中，插花时可以考虑一下造型，多尝试几次就能够插出令人满意的效果。

迷你黏土花的用途

做好的迷你黏土花如何用呢，是直接收在柜子里，还是拿出来做成其他东西？作者来分享一些迷你黏土花的用途，作者一般会把制作好的迷你黏土花做成摆件或作为球形关节人偶（Ball-Jointed Poll，BJD，俗称BJD娃娃）的装饰。

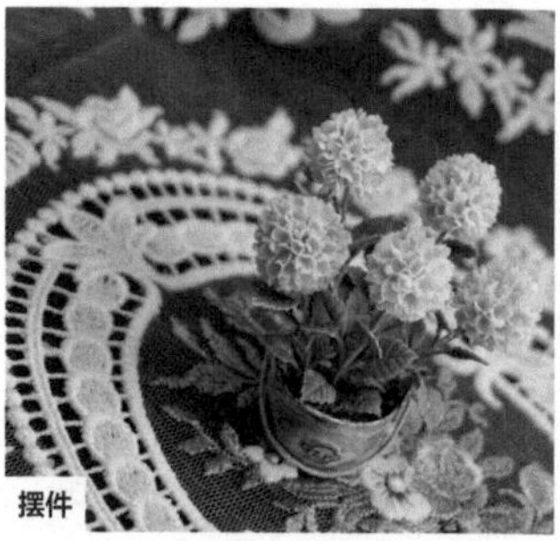

摆件

首饰

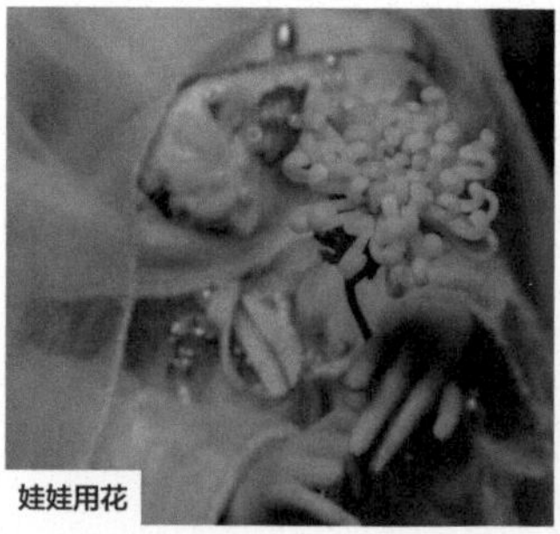

娃娃用花

摆件

读者可以按照作者教的方法多做一些花盆或者花篮，当然也可以购买一些好看的迷你花瓶作为插花器皿。依据自己的喜好将花插好，插好后作为摆件，打造属于自己的迷你小花园，放置在自己的书桌上以放松心情。

首饰

迷你黏土花可以设计成各种漂亮的首饰，自己动手做出来是独一无二的、独属自己的首饰。

BJD 娃娃或 OB 娃娃用花

“娃圈”的朋友可以用迷你黏土花为娃娃打造场景，或者作为装饰，多拍一些照片也是不错的。

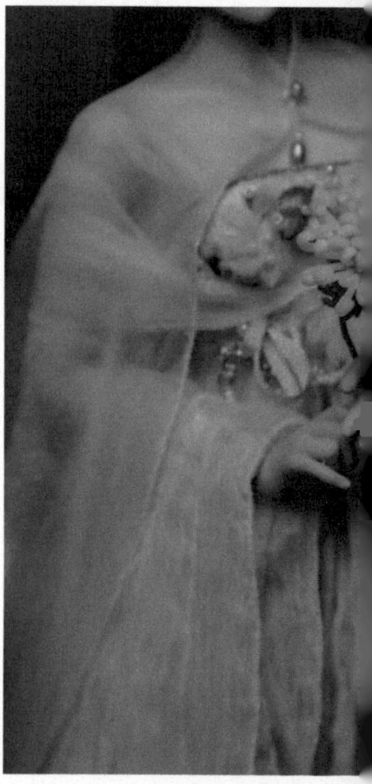